図解

眠れなくなるほど面白い

物理でわかるスポーツの話

東洋大学 理工学部生体医工学科 教授
望月 修
Osamu Mochizuki

日本文芸社

著者である私は、若いころ、実は球技が苦手でした。ゲームそのものをわかっていなかったことが理由です。2、3年前にそんなことを知らない学生から、私に「バスケットをするのだけれども、メンバーが足りないので入ってくれないか」という誘いがありました。何十年もやったことがないので不安でしたが、それにもかかわらず、中学・高校生のときよりもずっとうまくボールを扱い、ゲームを楽しめたのです。我ながら驚きでした。バスケットボールはボールを籠（かご）に入れて点数を獲得するゲームで、そのためには戦略をどうすべきなのか、どう動かねばならないのか、チームの中の自分の役割は何か、などということを理解したからです。若いころは、パスで受け取った（当時はボールが手につかずうまく受け取れなかったが……）ボールをやみくもに籠に入れようと投げていただけだったことに気がつきます。

同じ経験をゴルフでもしました。ボールをカップに入れるということしか知らずに、ただ打てと言われて数あるクラブの一つをなんの根拠もなく選び、数多く打ってなんとか18ホールをラウンドしました。ところが、これもある日、パターゴルフを経験したことで初めてゴルフというのは何をする競技なのかを理解しました。これがきっかけでクラブも選べ、どこに打てばいいのかもわかったうえでプレーすると面白いことがわかりました。

インドネシア・ジャカルタで開催されている第18回アジア競技大会（2018年8月18日〜9月2日）サッカー予選での、U-21の日本代表選手たちの対ネパール戦をTVで観ました。2020年東京オリンピックを見据えて、若い選手たちに国際戦の経験を積ませるという意味をもたせた戦いです。これからも続く戦いの第1戦だけを観てあげつらうのは本意ではありませんが、1対0で勝ったものの、私の目からはどんな戦略で臨んだのかが少しも感得できないものでした。まるで、ゲームのなんたるかも知らずにただボールに振り回されてい

はじめに

た、私の若いころのバスケットボールやゴルフと同じように写ったものです。サッカーというゲームの理解が足りないのではないか、そんな気がしたのです。

これまでは自分の才能で、ある程度の記録は出せていたのに、成長とともに成績が振るわなくなる。変化する体に応じてやり方を変えるべきなのに、過去の成功体験に引きずられて変えようにも変えられない。どうしたら良いのだろう、と困っている人も多いことでしょう。先輩たちの助言も彼らの経験で培ってきたものであって、技術向上の過程は個人の感覚に依拠することになる。いきおい、理を尽くした言葉によって伝えることができないために、最後には「頑張れ」とか、「根性を出せ」といった精神論が多くなってしまう。こんなことが、日本のスポーツ界に連綿と続いてきたと見るのは、決して私だけではないと思います。

あらゆるスポーツには「物理」が抜きがたく潜んでいます。そこには理論が厳然として立ち、体の動きを証明します。物理学を友として研究を楽しんできた私には、スポーツを愛する読者の方々が、その当該スポーツを具体的に理解するには運動や力学を扱う物理を習得し、それを駆使できる能力を身につけるべきだと考えています。理解によって鍛えた筋力を有効に使え、また使う道具の特性を知ることで今までとは違うやり方を生み出せるかもしれません。

本書によってスポーツと物理が密接に結びついていることに気づいていただき、読者の方々の楽しむスポーツに活かしてもらえれば、本書に携わった（有）エディテ100の米田正基、（株）日本文芸社の坂将志ともども幸甚の至りです。

2018年8月

著者記す

眠れなくなるほど面白い
図解 物理でわかるスポーツの話

もくじ

PART3
水の競技
Water Sports

PART4
氷と雪の競技
Ice & Snow Sports

PART5
格闘技・武道
Combat Sports

PART6
新しいスポーツ他
New & Other Sports

ニュートンも驚く!
物理とスポーツの関係

PART4 氷と雪の競技
Ice & Snow Sports

P77へGO! ▶

PART5 格闘技・武道
Combat Sports

P98へGO! ▶

PART6 新しいスポーツ他
New & Other Sports

P109へGO! ▶

PART1 **陸上競技** P10へGO! ▶

Track & Field Sports

PART2 **球技** P27へGO! ▶

Ball Sports

PART3 **水の競技** P60へGO! ▶

Water Sports

短距離

人類100m走で到達可能な記録は9・21秒？

「100m競争は陸上の花」と言ってもいいでしょう。人体躍動の筋肉が余力なく爆発しているようです。では100m記録はボルトの9秒58が限界か、となるとそうとは言えません。物理学の原理と発想で、記録更新はまだまだ望めるからです。そこで記録更新を視野に、改善余地のあるスタートから加速しているときの前傾姿勢について考えてみましょう。

接地している足を中心に体を傾けると、傾けた方向に倒れますね。これはヘソのあたりにある重心が接地した足の位置より前に出たため、❶の位置関係では反時計方向のモーメント[*1]が体をさらに傾ける方向（❶のW）に作用するためです。この状況で倒れないように体の傾きを維持するには、倒れる方向と逆方向すなわち時計方向のモーメント（❶のT）がかかるようにします。

例えばロープを掛けて誰かに引っ張ってもらう、強い風で押してもらうなどが直接的な力を利用する方法です。しかし、加速をして走ることで慣性力がかかるようにするのがスマートな方法でしょう。動き始めの電車で体が進行方向と逆方向に受ける力のことです。物理では倒立振子[*2]で倒れないようにするための加速と同じ原理です。ちなみに、これを利用した乗り物が「セグウェイ」です。

さて、重心における体重および慣性力の体の軸に対する垂直成分の釣り合い関係をみてみると、角度αは重力加速度**g[m/s²]**と走りの加速度**a[m/s²]**（g：重力　a：加速度）との比から、

$$\alpha=\tan^{-1}\left(\frac{g}{a}\right)$$

と表わされます。つまり、**体を傾ける角度は体重とは無関係に自分がほしい加速度だけで決まりま**

＊1　**モーメント**：腕の長さ×力。単位はNm（ニュートンメートル）。エネルギーの単位ジュールと同じことから、回転エネルギーといっても良い。

＊2　**倒立振子**：普通の振子は頭を支点に振れる（安定）が、倒立振子は足元が支点となる。当然傾くと傾いた方向に倒れてしまう（不安定）ので制御が必要。

す。仮に**$a=6.86m/s^2$**の加速度でスタートを切るとき体の傾きは**$\alpha=\tan^{-1}(9.8/6.86)=55°$**となります。この加速度で1・75秒間加速すると、速度は**12m/s**となります。この間**1.75×12÷2=10.5m**進みます。残りの**100－10.5=89.5m**をこの最大速度を維持したまま走ると、**89.5÷12=7.46秒**かかりますので、②のように加速にかけた時間と合わせると、**1.75+7.46=9.21秒**というタイムを出せます。

記録を更新するためには、加速度を上げ、短い時間で最大速度に到達させ、それを維持して走ること。加速度を上げるには体をもっと傾けること。物理学的にはこれで新記録が達成可能となるのです。

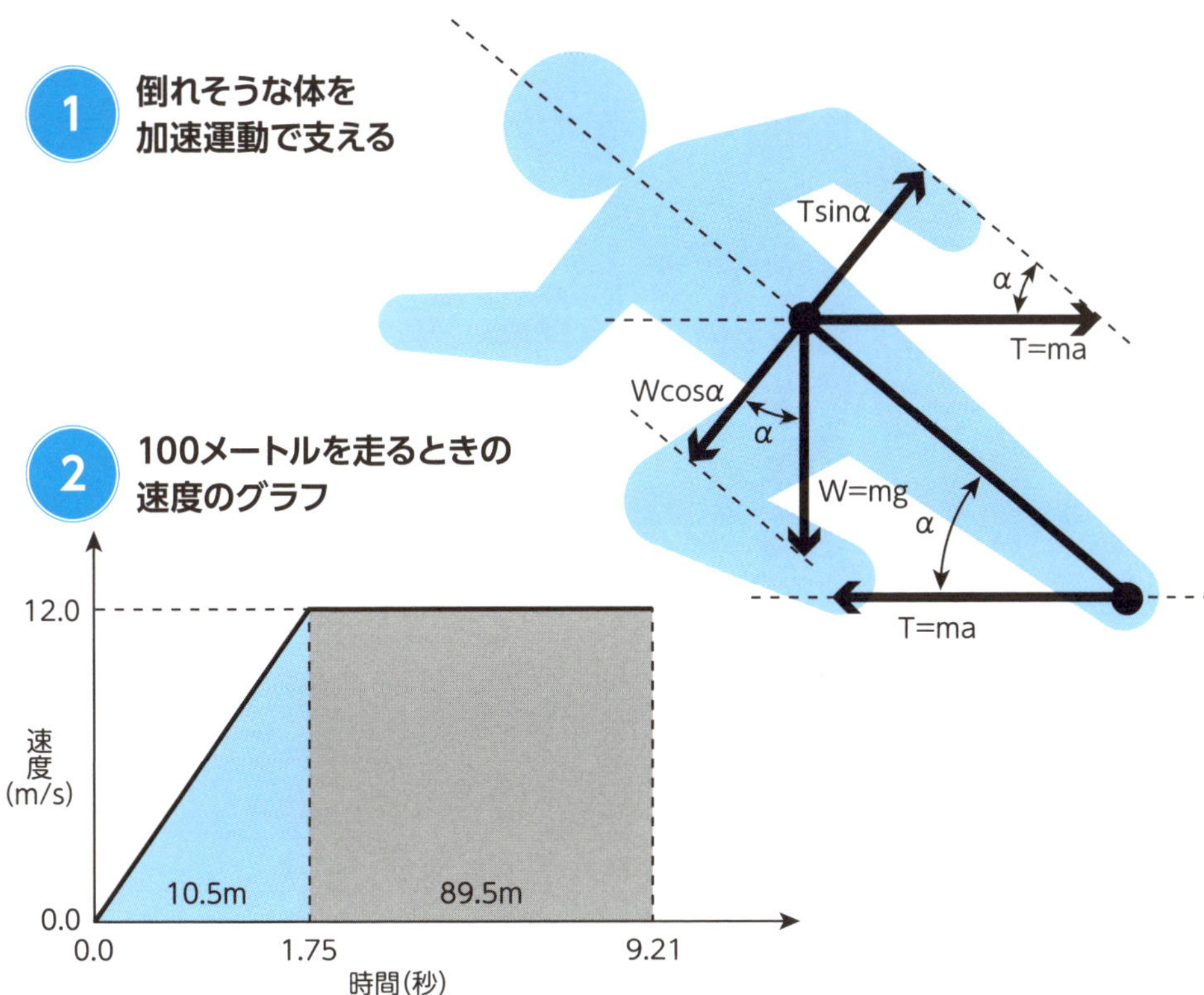

長距離

マラソンは空中に放物線を描いて走っている？

マラソンを走る際に必要とする力とはどういうものでしょうか？

物理的にみれば地面に垂直方向に体重を支える力と前に進む力が合わさって走っています。その**合力**（ごうりょく）[*1]**の方向が地面を蹴る方向の角度**となります。

マラソンの場合、一定速度で走るので、**推進力Tはその速度で走るときの空気抵抗力と同じ大きさ**となります。空気抵抗力**D**は、

$$D=C_d\frac{1}{2}\rho u^2A$$

で表されます。ここで、C_dは抵抗係数で人間を円柱に見立てると$C_d=1.2$です。また、**A**は上流側から見た人間の正面の面積で、平均的に$A=1.3m^2$です。**風との相対速度をuで表しますが、無風時では走る速度そのもの**です。向かい風では風速を足し、追い風では風速を引きます。

仮に距離42.195kmを2時間10分で走るマラソン選手の場合、風との相対速度は$u=5.4m/s$です。なお、ρは空気の密度のことで標準状態では$\rho=1.2kg/m^3$です。これらより抵抗力を求めると、$D=1.2\times0.5\times1.2\times5.4^2\times1.3=27N$となります。したがって、推進力$T=27N$ですから、体重65kgf[*2]=637Nの人では蹴る角度が$\theta=\tan^{-1}(637/27)=88°$となります。ほぼ垂直に蹴っているようなものですね。

体重以上の力を出すと上に跳びはねます。重心は一歩一歩放物線を描いて移動します。跳びはねる高さを$y_{max}=0.1m$とすると垂直方向速度$v_0=1.4m/s$、y_{max}に達する時間t_{ymax}は速度$v=0$となる時間なので、$t_{ymax}=0.14$秒となります。x_{max}に到達するのにその時間の倍かかりますから、0・28秒です。水平に$u_0=5.4m/s$でx方向

＊1　**合力**：力学で、物体に2つ以上の力が作用するときの力と効果が等しい1つの力のこと。または合成力。

＊2　**kgfとN**：どちらも力を表す単位。例えば質量60kgに重力加速度$g=9.8m/s^2$の数値を掛け60×9.8=588Nと表す。

に動きますからx_{max}=1.51mと求められます。すなわち、**歩幅1・51mで走る人は0・1mの上下運動をしている**ことになり、一歩ずつ0・28秒かかるわけです。

42.195kmを1・51mの歩幅で刻むと歩数は27944歩となります。これに0・28秒をかけると7824秒となり、したがって2時間10分24秒でゴールとなります。

ここからわかるのは、空中に放物線を描いている時間がほとんどということ。とすれば、**上下運動を抑えて直線的に走るほうが得策**だ、となるわけです。

この議論は**u_0=5.4m/s**が前提なので、上下運動のエネルギーロスを防いで右の速度を維持するには、川内優輝選手のような重心をまっすぐに進める走法が、物理的観点からは理に適(かな)っているのです。

1 地面を蹴る力の成分

$L=F\sin\theta$

F

$T=F\cos\theta$

θ

$-F$

L：垂直方向に体重を支える力

F：前方に進む力

2 跳びはねながら走るときの一歩あたりの重心の軌跡は放物線

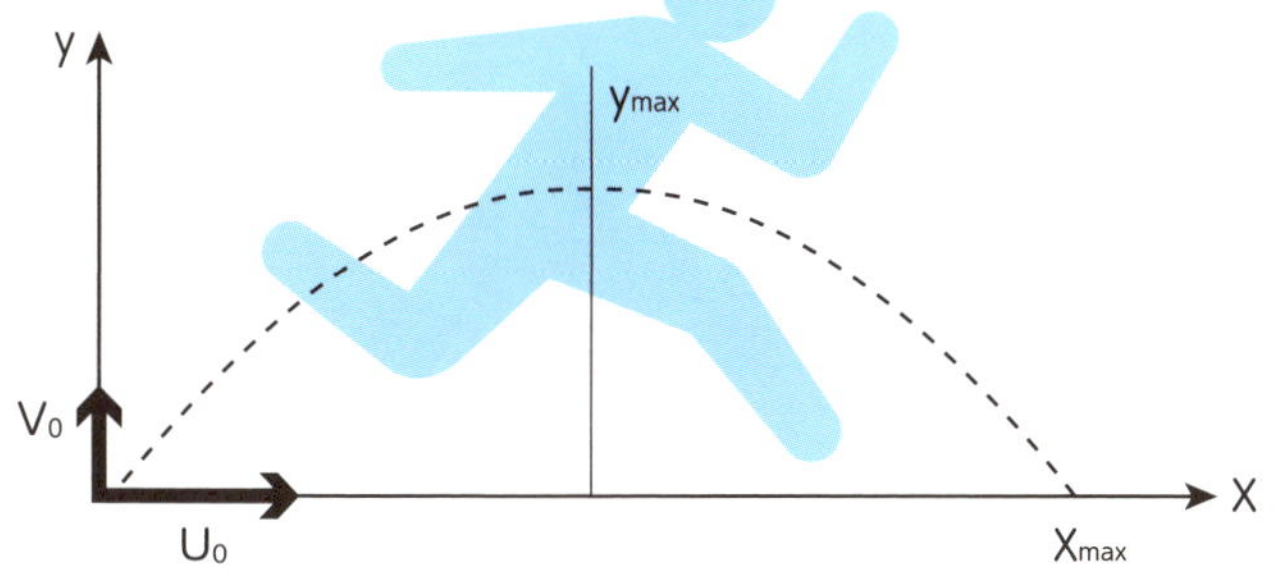

$$v_0=\sqrt{2gy_{max}}$$

$$v=-gt+v_0$$

$$x_{max}=\frac{2u_0v_0}{g}$$

$$y_{max}=\frac{v_0^2}{2g}$$

走り高跳び

バーを越えるには最適な跳び上がり速度が必要？

支柱に掛けわたしたバーの長さ4mの走り高跳びを考えます。

走り高跳びの選手は背が高く脚の長さも驚異的であり、また女子選手は美人ぞろいというわけで見惚れてしまう競技です。ただし、例として挙げるのは男子。30°の角度で進入し、地面から測った高さが2・45m（1993年世界記録。ハビエル・ソトマヨル／キューバ）にあるバーの中央位置に、最大高さ$\mathbf{y_{max}}$になるような放物線を描いて跳ぶ設定とします。

まず、助走で地面から重心の運び80cmの高さを地面と平行に進み、着地マットから75cm離れたところから跳び上がります。このときの重心の軌道は、高さ**y_{max}=2.45+0.15－0.8=1.8m**です。着地を**x_{max}=3m**のところとすると、踏切り速度は水平方向に**u_0=2.48m/s**、垂直上向きに**v_0=5.94m/s**の速度となります。この放物線はバーの中央の上15cmの高さに重心が通るため、背中がすれすれ越すという計算が成り立ちます。

体重70kgfの選手が0・3秒で跳び上がるときの力は、上向きの速度**v_0=5.94m/s**を生む力です。加速度は**(5.94-0)÷0.3=19.8m/s²**ですから、これに質量70kgを掛けると**F=70×19.8=1386N**と求められます。この力は約141kgfの錘（おもり）を持ち上げる力に相当します。およそ**体重の2倍の力で地面を垂直に蹴ることによって、物理的には世界記録を跳ぶことができる**のです。

空気抵抗を考えない自由落下の式からわかるように、**放物線運動の軌跡を表すのに質量は関係ありません**。したがって、放物運動を仮定するにあたっては**体重が軽かろうが重かろうが先に記した**

跳び上がり速度v_0=5.94m/sを出せればバーを越えられるのです。

その速度を出すために必要な力を**F=m(v−0)/Δt**と表せます。**力は質量に比例します。質量を体重と言い換えれば、体重の重い人は大きな力を必要とし、軽ければその逆の関係となります。**ただし、自分の体重の2倍の力という表現は変わらないので、重い人は大きな力を必要とします。よって背が高く痩せた選手が走り高跳びに向いているというわけです。

1 重心の軌跡は放物線

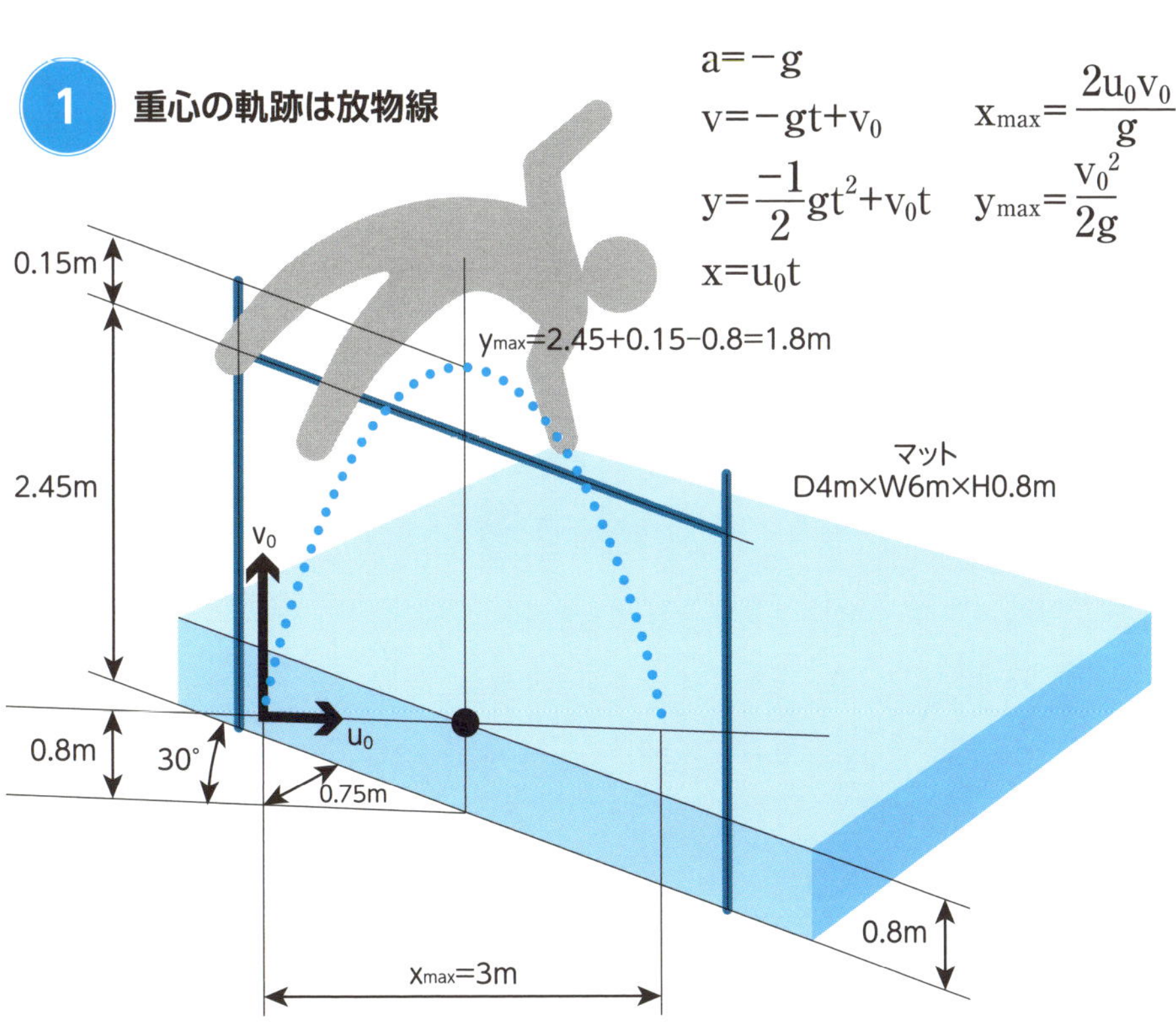

走り幅跳び

助走スピードを上げ、1秒間浮いたなら10mは跳ぶ？

走り幅跳びの男子世界記録はマイク・パウエル（米）が出した8・95m（1991年）。長期間破られていない記録としては、槍投げ（旧規格）、円盤投げ、ハンマー投げ、砲丸投げについで5番目だそうです。

さて、この走り幅跳びの跳び方ですが、仮に空気抵抗を無視できるとすると、重心の軌跡はやはり放物線となります。跳び上がってから着地までの最大距離x_{max}は、水平方向の速度u_0に空中にいる時間t_aを掛けたもので、$x_{max}=u_0t_a$が導き出されます。このことから、**距離x_{max}を長くするには、「走る速度を上げる」「空中滞在時間を長くする」「それら両方を増す」**ということがわかります。

いま、**u_0=9m/s**で走ってきたとすると、**x_{max}=8.95m**を得るための空中滞在時間t_aは0・994秒となります。この半分の時間でy_{max}に達することから、**$v_0=(1/2)\times t_ag=4.87$m/s**が導かれ、その結果、**$y_{max}=v_0^2/2g$**によって、空中の高さは1・21mとなるわけです。

例えば、右の高さy_{max}を得るために体重70kgfの選手が0・3秒間で地面を蹴ったとすると、**$F=70\times(4.87-0)/0.3=1136$N**となります。これは116kgfの錘を持ち上げるときの力と同じです。水平方向の速度をそのままキープしつつ、この力で地面を蹴って垂直上向き方向の速度を得て空中に跳び出し、飛翔中に前方に進む、というわけです。

ちなみに、**走るスピードをu_0=10m/sに上げて跳び上がり、そのまま1秒間浮遊していられれば、とんでもない世界記録10mは跳べる**はずです。

この1秒間空中にとどまる状態とは、上向きに

v_0=4.9m/sで跳び上がることです。そうすると落ちてくるまでに1秒かかる計算となります。**このときの最高点の高さは1・23mですから、先の例より2cm高いだけ**です。世界記録更新は走るスピードを上げられれば達成可能なのです。

ところで、よく観客の手拍子を力にして跳ぼうとする選手がいます。これは、どのくらい物理的に後押しになるのでしょうか?

例えば、大音響で拍手の音圧レベルが100dB(デシベル)あったとすると、圧力では2Pa(パスカル)です。この圧力は**2N/m²**のことで、人間の後面面積が0.85m²であれば、2×0・85=1・7Nの後押しとなります。重さ換算では170g程度の力。跳ぶ瞬間に作用すれば無いよりはましというところですね。

飛ぶ姿勢を工夫するのも面白いでしょう。距離の計測は、着地で砂についた痕跡を確認し、踏切板前端からもっとも近い着地跡までを測ります。たいてい着地跡で近いのは踵跡(かかとあと)よりもお尻の部分です。足先がもっとも遠くに着地するので、足先より後ろに重心がきてしまいお尻が着く状態になるからです。しかし、着地時に折れ曲がった体の重心を前に出るように伸ばせば飛び込み姿勢の形になり、その結果、着地での踏切板にいちばん近い痕跡は踵跡になっているはずです。

1 重心の軌跡は放物線

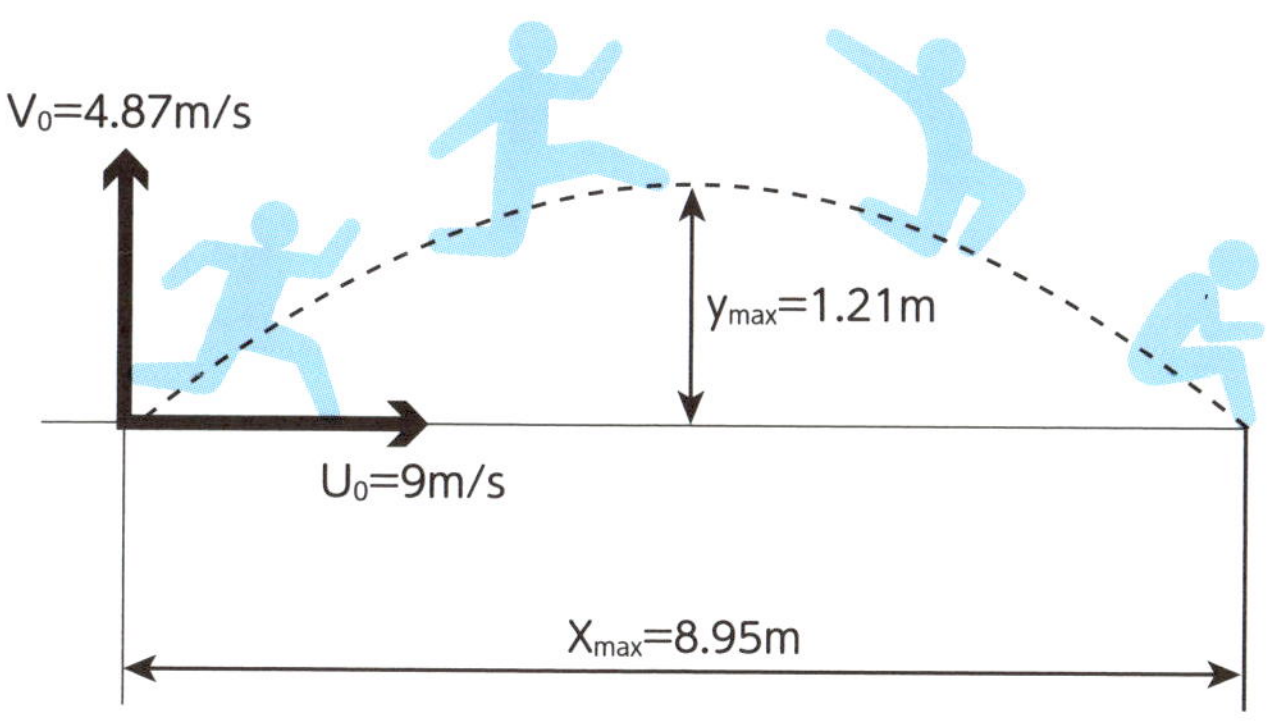

最大の高さ:$y_{max}=v_0^2/2g$

空中に浮いている時間:$t=x_{max}/u_0=2v_0/g$

棒高跳び

走る運動エネルギーが世界記録を跳ぶための決め手?

走り高跳びの世界記録は2・45mですが、棒高跳びのポールを使うと世界記録は6・14m(1994年。セルゲイ・ブブカ/ウクライナ)と驚くほど高くなります。ちなみに、室内世界記録はフランスのルノー・ラビレニが2014年に記録した6・16mです。

走り高跳びは地面を蹴る脚の力でバーを越え落下していく放物運動、**棒高跳びは棒を押す腕の力を使ってバーを越え落下していく放物運動**をおこないます。

さて、棒高跳びでは跳躍していく選手の重心がバーの上30cmのところを通過するには、**垂直に立ったポールの上での倒立時に、バーの上30cmの高さに重心を移動させる必要があります。**

❶を参考に、バーの高さが世界記録の6・14mとして、それに30cmを加えた6・44mが重心の通過する高さです。**ポールを握っている手の位置から重心までの距離を1・3mと計算すると、ポールの長さは6.44-1.3=5.14m**となります。

ところが、アプローチからバー近くまで上昇する重心の軌跡は単純な放物線ではありません。ポールの先端をバー下の地面に設置されているボックスという穴に差し込み、助走の勢いでポールを湾曲させます。ポールの弾性力を利用して重心を上方向に引っ張り上げてもらうためです。

そこで、助走時の重心が地面から80cmの高さとしましょう。そこから**垂直に戻ったポールの先端からぶら下がると、重心位置は5.14-1.3=3.84m**。これに助走時の重心位置80cmを引くと、**持ち上がった高さは3.84-0.8=3.04m**です。具体的に体重70kgfの選手なら位置エネルギー**E_p=mgh=70×9.8×3.04=2085J**と計

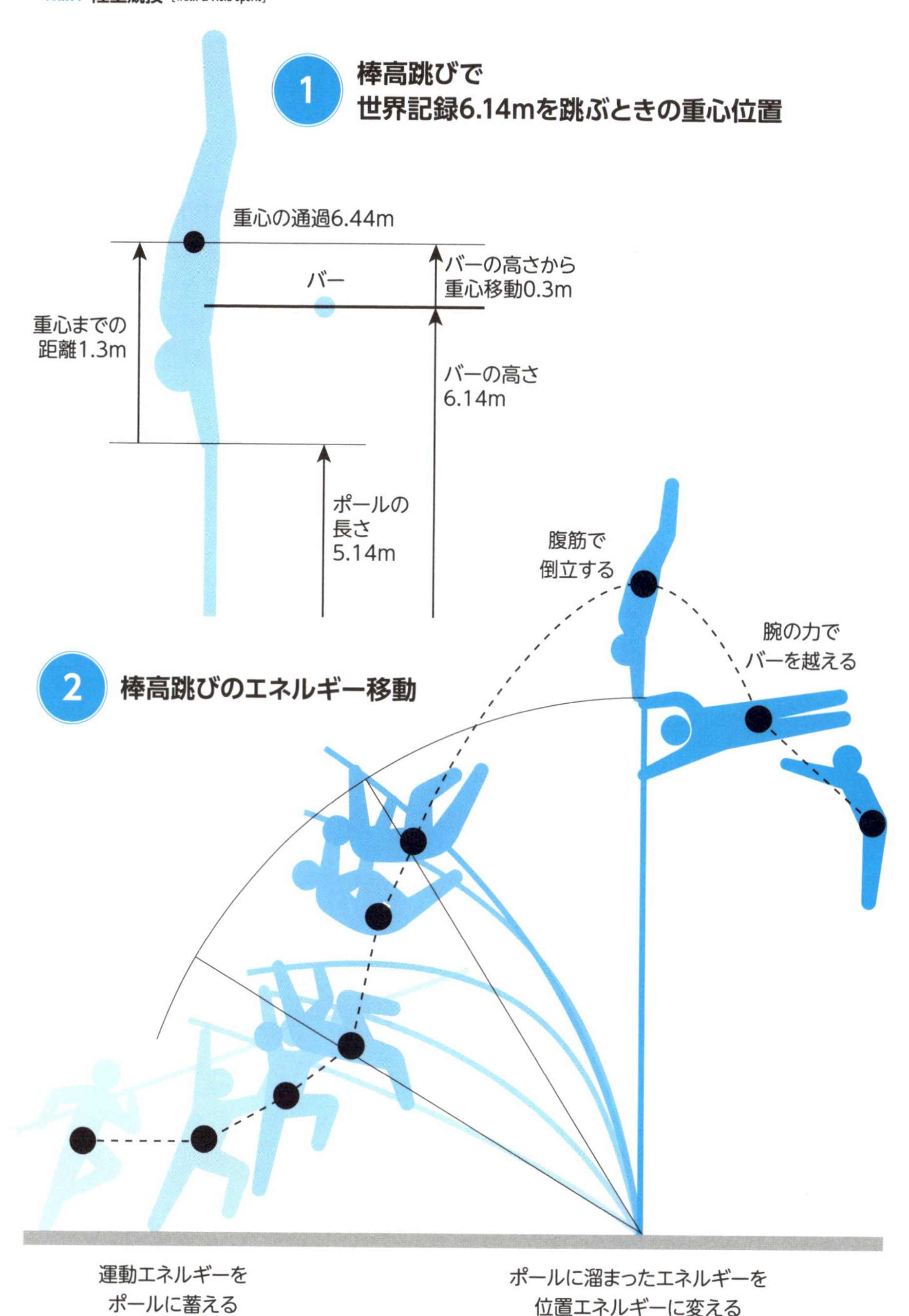
1
棒高跳びで
世界記録6.14mを跳ぶときの重心位置
重心の通過6.44m
バー
バーの高さから
重心移動0.3m
重心までの
距離1.3m
バーの高さ
6.14m
ポールの
長さ
5.14m
2
棒高跳びのエネルギー移動
腹筋で
倒立する
腕の力で
バーを越える
運動エネルギーを
ポールに蓄える
ポールに溜まったエネルギーを
位置エネルギーに変える

算されますから、このエネルギーをポールのたわみに蓄えるために、**u m/s**で走る運動エネルギーをポールに注入することになります。**運動エネルギーは、**

$$E_K=\frac{1}{2}mu^2$$

なので、これと位置エネルギーから

$$u=\sqrt{2gh}$$

が導かれます。したがって、**h=3.04mをこれに代入すると、u=7.72m/sで助走するのが最適**となるわけです。

ポールのたわみ**x m**によるエネルギーE_Bは、ポールのバネ常数を**k**とすると、

$$E_B=\frac{1}{2}kx^2$$

と計算式が出ます。ここに**k**を、一端が固定された長さ**L**のポールのヤング率*を**E**、断面2次モーメントを**I**とすると、

$$k=\frac{3EI}{L^3}$$

との式になります。**たわみ量x=3.04m**とすると、**$E_B=E_p$によりk=451N/m**。また、**パイプ状の断面2次モーメントは、**

$$I=\pi\frac{D^4-d^4}{64}$$

で表されます。

ガラス繊維を使ったポールの場合は、**E=80GPa**です。長さ**L**を**L=5.14m**としましょう。そうすると**I**は**$2.55\times10^{-7}m^4$**。これらよりポールの太さは直径が外径**D=0.050m**、内径**d=0.032m**と求められます。ただし、これでは若干太めかもしれませんね。

＊ **ヤング率**：部材に錘を載せたとき、どれだけ縮むか、またはどれだけの力で引っ張るとどれだけ伸びるかを表す量。縮む量が小さいとそれだけ硬いことを表し、逆にたくさん縮むと柔らかいということになる。

ハンマー投げ

飛び出しの角速度を上げ、回転半径を長くすれば世界新？

ハンマー投げに使われる鉄球の直径は120mm、重さ6.8kgfです。これにワイヤーと握り部分がつき、長さ120cmとなっています。握り部分を持ち、腕を伸ばしたまま体を軸にして4回転させたのち放り投げます。コマのように軸足の地面接地点を中心とし、もう片方の足で地面を蹴りながら回転を持続させます。

2011年世界陸上当時の室伏広治さんの投てき映像を見ると、4回転する時間は1・75秒です。1回転は角度でいうと360度ですが、**ラジアン（rad）**という単位を使うと360度は**2πrad**に対応します。したがって、4回転は**2π×4rad**となり、角速度**ω**は**2π×4回転/1.75秒=14.4rad/s**となります。

さて、**手を離すことで向心力を解き離すと、鉄球は円周の接線方向に飛び出し、その速度vは$v=r\omega$と表されます。**ここで、室伏さんの回転軸から測った腕の長さは70cmなので、錘の中心までの回転半径は**$r=0.70+1.2+0.06=1.96$m**。ですので、飛び出し速度**$v=1.96\times14.4=28.2$m/s**が求められます。

この速度で45°上向き方向に飛び出したとして、**仮に空気抵抗を無視できるものとすると、鉄球の運動軌跡は放物線を描き、最大高さ$y_{max}=(v\times\sin45°)^2/2g=20.3$m、到達距離$x_{max}=v^2\sin(2\times45°)/g=81.1$mと計算できる**わけですが、実際には**このときの室伏さんの記録が81・24m。なんと室伏さんは物理法則そのままを利用して投げた**ことになるのです。

いまの世界記録は1986年に旧ソ連のユーリ・セディフが出した86・74mです。ここで、この記録を出すにはどうすれば良いか考えてみましょう。

まず**飛び出し速度vを上げること**です。そのための**方法はvの定義（$v=r\omega$）より2つ**考えられます。**1つは角速度ωを上げること**です。飛び出し速度を逆算すると、

$$v=\sqrt{gx_{max}}=\sqrt{9.8\times86.74}=29.16\text{m/s}$$

が求められるので、これにより角速度は**$\omega=v/r$から$\omega=29.16/1.96=14.90$rad/s**となって、4回転**（2π×4rad）**する時間が計算できます。つまり、**$t=2\pi\times4/14.90=1.69$秒**が導かれるのです。ということは、**室伏さんが1・75秒で4回転していたのを0・06秒縮めるように回転していれば世界記録が生まれた**わけです。回転させる足の蹴りをもう少しだけ強められれば記録達成でしたね。

もう1つは回転半径rを長くする方法です。鉄球から握りまでの長さは固定されているので、腕の長さを長くしなければなりません。どのくらい長くすれば良いか逆算すると、飛び出し速度v=29.16m/sを得るために角速度ωを先のままにすると**ω=14.4rad/s**となるので、$r=v/\omega$により$r=29.16/14.4=2.03$mが導かれます。したがって、**腕の長さは2.03−(1.2＋0.06)=0.77mが必要**となります。この計算から、室伏さんは先に仮定した**70cmの腕の長さを、物理的には7cm伸ばして77cmにできれば条件クリア**です。人間の腕を延伸するのは難しそうですが、実は**腕の付け根の肩を前に7cm突き出すようにすれば可能（物理屋の勝手な都合）**なのです。

ちなみに、回転運動には鉄球の遠心力をF_cとして**$F_c=mv^2/r$**がかかります。鉄球の重さは$m=6.8$kgなので、室伏さんが鉄球を回転させると、**F_c**は**$F_c=6.8\times28.2^2/1.96=2759$N**です。したがって、鉄球の円運動を維持するために、**F_c**力の大きさで引きつけていなければなりません。重さに換算するときは$g=9.8$で割るので、282kgfの錘を持っているのと同じです。この重さを支えるのに腕の力だけでは無理かもしれないし、転倒さえしかねません。

そこで、カウンターウェイトがどこにあるのか調べるために回転時の姿勢を見てみます。重心が回転軸から19cmほどズレています。重心の円周方向の速度はv_g=0.19×14.4=2.74m/sです。このズレの距離を回転半径として、重心にかかる遠心力**F_c**を計算すると、室伏さんの体重が99kgfですから、**$F_c=m_g v_g^2/r_g=99\times2.74^2/0.19$=3912N**となります。であれば、**鉄球の遠心力による時計方向のモーメント（②）を、重心の遠心力による反時計方向のモーメントで打ち消す位置に重心を移動すれば釣り合います。**釣り合う位置は**L×3912=1.32×2759**より**L=0.93m**。室伏さんの回転姿勢を見ると、腰を93cmの位置になるように落として調整しています。

大きな遠心力を支えるのに、自分の重心の遠心力を釣り合わせることでバランスを保っている。回転しなければならない理由が、ここにあるわけです。

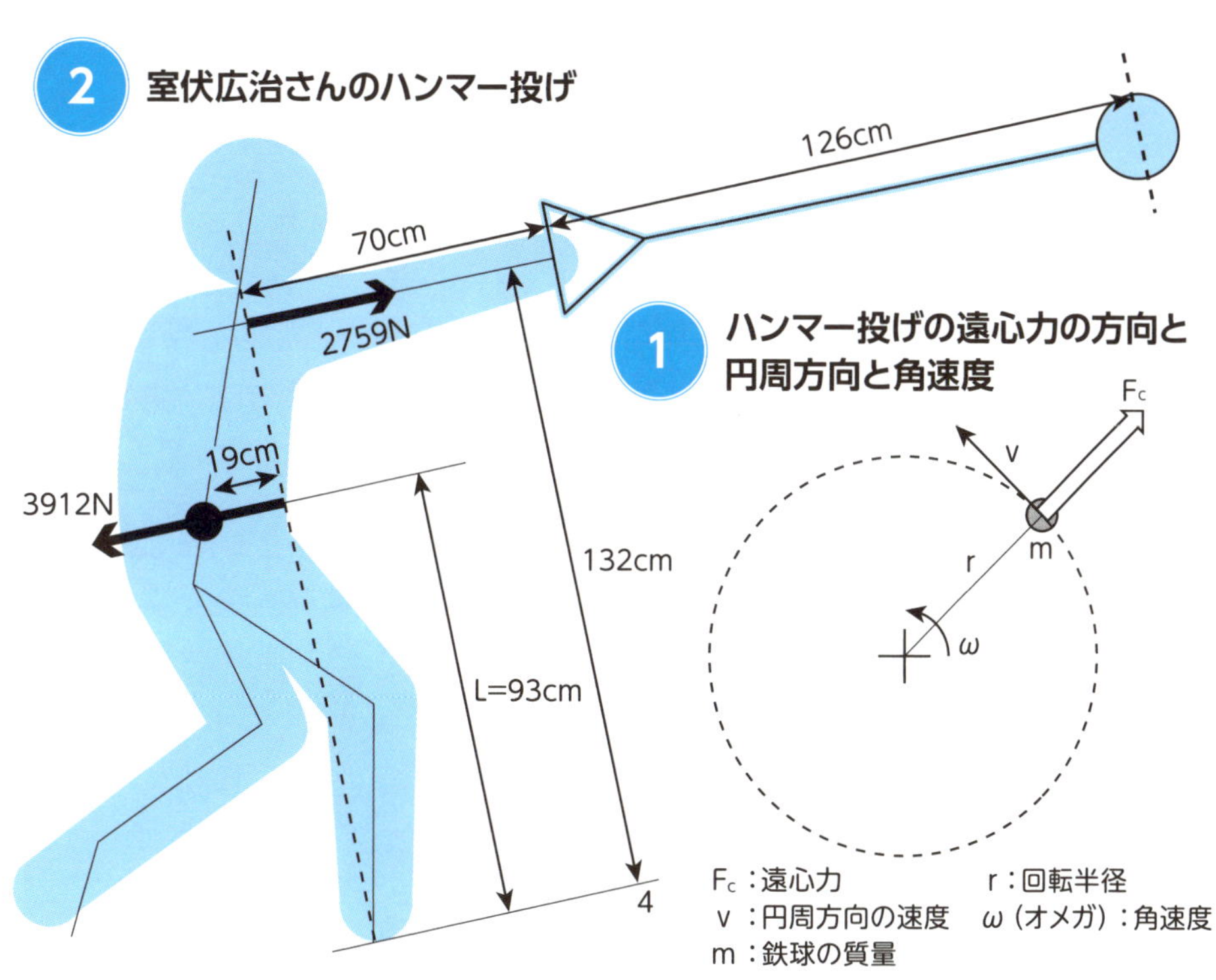

やり投げ

マラソン並の速度で助走し、53°の方向に投げれば世界新？

現在のやり投げの世界記録は1996年にヤン・ゼレズニー（チェコ）が出した98・48mです。男子用の槍（やり）の長さは2・7m、重さ800gfです。現在の槍は安全のために100m以上飛ばないよう工夫されています。なお、小・中学生用には槍の代わりに長さ70cm、重さ400gfのターボジャブ（ロケット状投てき物）を使うようになってきました。

槍のみならず、**物をVm/sの速度で投げ出すとき、空気抵抗が作用しない放物運動で上向きに45°方向に投げたなら、その速度で出せる最大距離は、**

$$x_{max}=\frac{V^2}{g}$$

となります。もともと最大到達距離は、

$$x_{max}=\frac{V^2\sin 2\theta}{g}$$

と表されますが、これは$\theta=45°$で$\sin 2\theta$が最大値の1となるためです。また、**式により、到達距離は投げ上げる速度Vの2乗に比例**することから、いかにVを大きくするかも重要です。

槍が放物運動をする場合、98・48mの距離が出る速度を上述の式から求めると、

$$V_{45}=\sqrt{gx_{max}}=\sqrt{9.8\times 98.48}=31.1\text{m/s}$$

です。この速度を0・3秒で出すとすると腕の力**F**は**F=0.8×(31.1-0)/0.3=83N**となり、約8.5kgfの錘を持ち上げる力に相当します。

やり投げは走りながら投げます。走る効果を見てみましょう。**ある角度θで投げる速度V_θの水平方向成分$V_\theta\cos\theta$に走る速度u m/sが足されることになります**。また、V_θの上向き速度成分は$V_\theta\sin\theta$で表されます。投げ上げる速度成分

と水平方向の速度成分の合成速度の方向が、水平から45°上方向になるようにするにはこれらが等しいことが条件となります。したがって、$V_\theta \sin\theta = V_\theta \cos\theta + u$ の関係となります。これにより、V_θ、θ および u との間には、

$$V_\theta = \frac{u}{\sqrt{2}\sin\left(\theta - \frac{\pi}{4}\right)}$$

の関係が生じます。右は腕を振る速度ですが、実際に飛んでいく物体の速度 V_{45} との関係は❷より、

$$V_{45} = \sqrt{2} V_\theta \sin\theta$$

です。これらから、$V_\theta / V_{45} \leqq 1$ となるには投げ上げる角度 θ は45°以上であることがわかります。

世界記録の距離を出す場合を想定し、パラメータのいくつかの組み合わせを上述の式で計算した結果を表に示しておきます。**マラソン選手並みの速度 u=5.4m/sで走れば、投げる速度は V_θ=27.5m/s。53°の方向に投げれば、やりは V_{45}=31.1m/sで飛び出し、放物線を描いて98・48m飛ぶ**ことになります。

つまり、止まった状態で右の速度を出すよりも、走る速度を加味することで、止まって投げるより83-73=10N分弱い力で済むようになる、というわけです。

止まって投げる速度31.1m/sが得られるための走る速度と投げ上げる角度の関係

走る速度 (m/s)	投げる速度 (m/s)	投げ上げ角度 (°)	投げる力 (N)
0	31.1	45	83
1.5	30.1	47	80
3.5	28.7	50	77
5.4	27.5	53	73
6.6	26.8	55	71
7.7	26.2	57	70
9.3	25.4	60	68

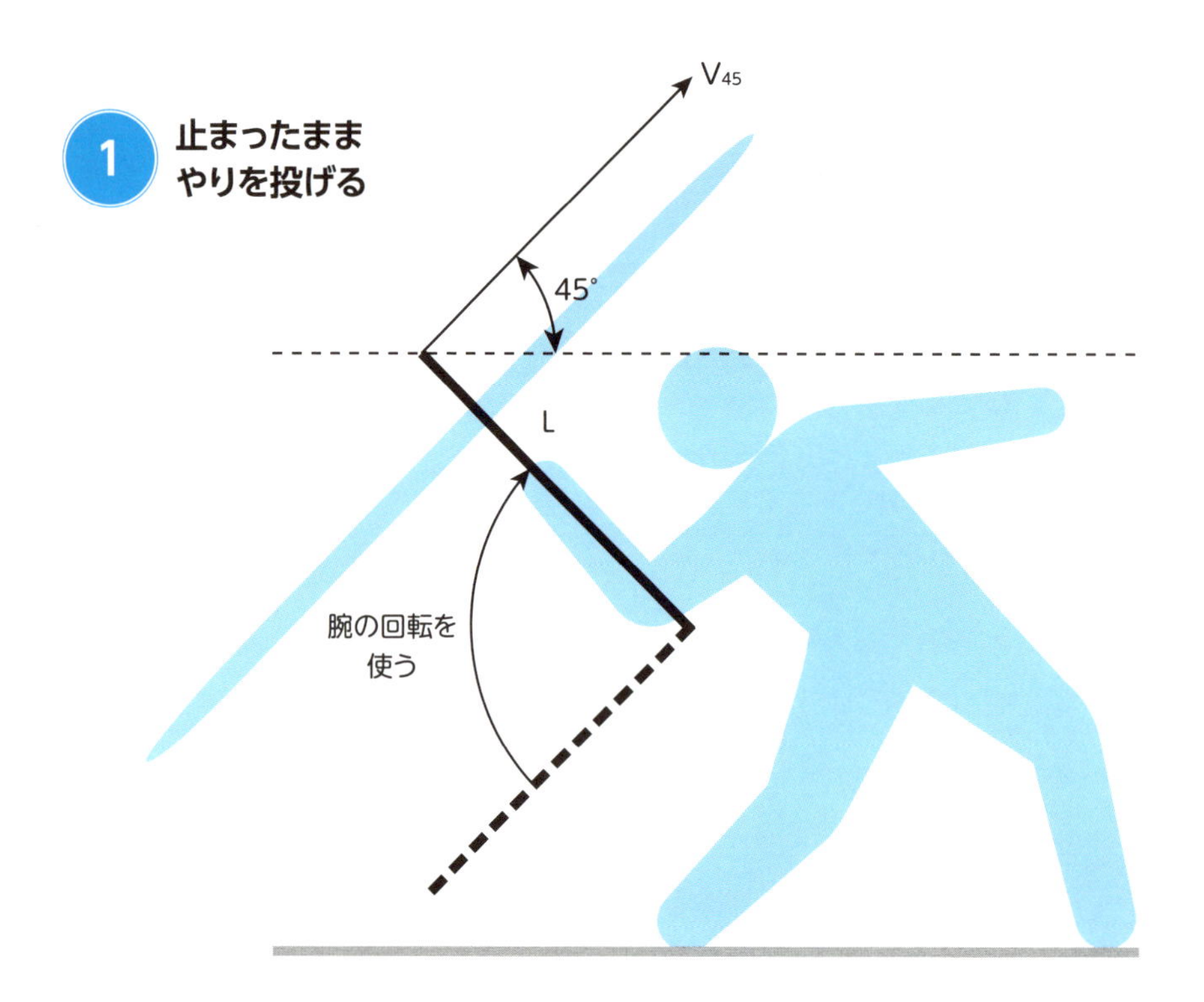

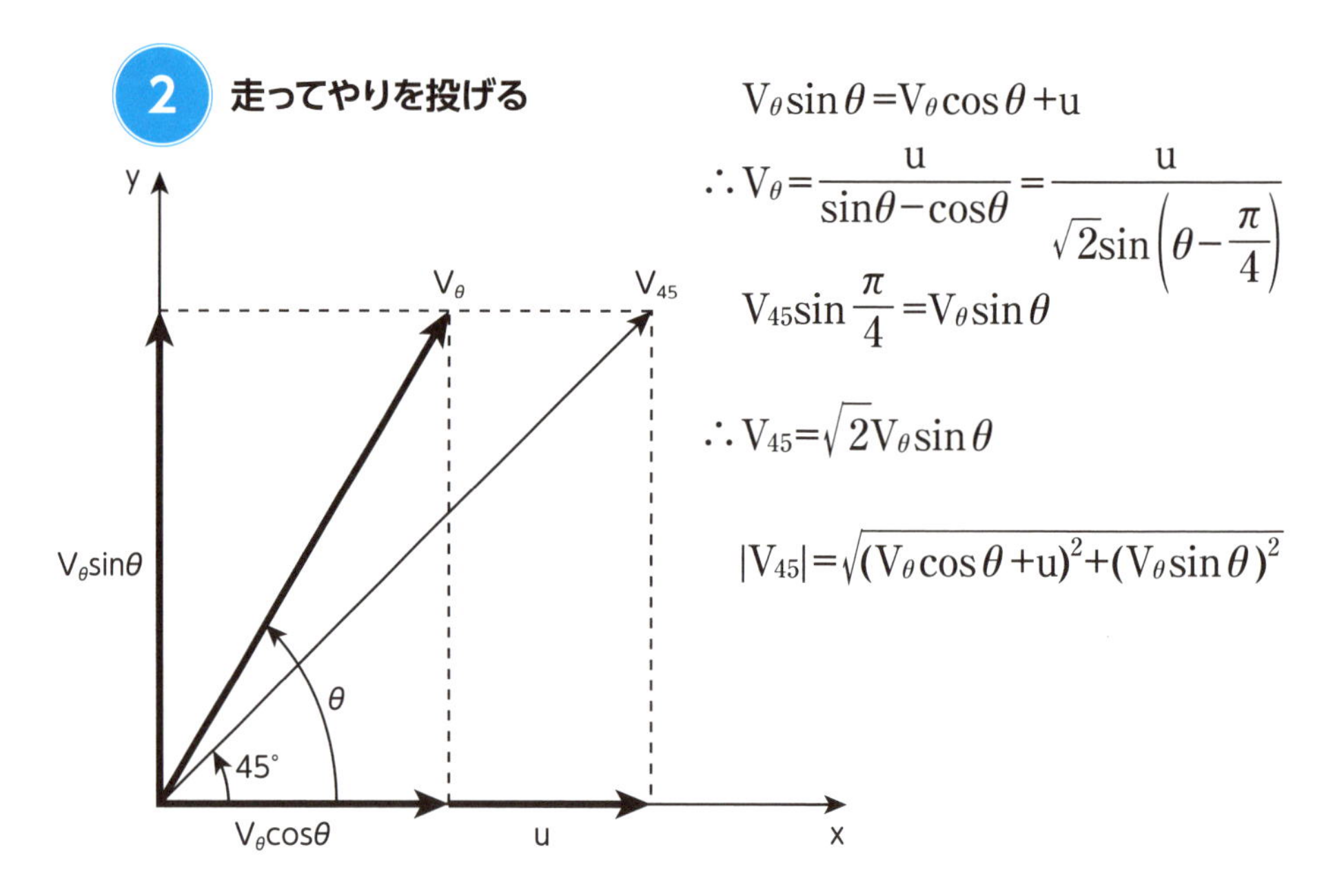

$$V_\theta \sin\theta = V_\theta \cos\theta + u$$

$$\therefore V_\theta = \frac{u}{\sin\theta - \cos\theta} = \frac{u}{\sqrt{2}\sin\left(\theta - \frac{\pi}{4}\right)}$$

$$V_{45}\sin\frac{\pi}{4} = V_\theta \sin\theta$$

$$\therefore V_{45} = \sqrt{2}V_\theta \sin\theta$$

$$|V_{45}| = \sqrt{(V_\theta \cos\theta + u)^2 + (V_\theta \sin\theta)^2}$$

サッカー
①

ボールをコントロールするトラップとは？

サッカーでボールを止めて自分が扱いやすいようにすることをトラップと言います。動いているボールを止めるにはボールの運動量を吸収することです。**運動量とはボールの質量に速度を掛けて表す量**です。

プロ仕様5号ボールの重さは450gf（≒0.45kgf）です。これが10m/s（36km/h）の速度で飛んできた場合、運動量は0.45×10=4.5kgm/sという値となります。飛んでくるボールの速度を0にしたいのですから、ボールを止めるには運動量4.5kgm/sを0に変化させなければなりません。この運動量を脚で止めるわけなので、ボールの持つ運動量を脚で吸収することになります。

サッカーシューズを履いた脚の重さがボールの重量の2倍あるとします。ボールと脚が接触する瞬間に、飛んでくるボール方向にその速度の半分で受けるよう脚を動かすと、ボールはピタリと止まります。このとき0・1秒で止めると脚の力は**0.45×(0-10)/0.1=-45N**となります。力の値にマイナス符号が付いているのはボールが飛んでくる方向と逆方向に力（約4.6kgのものを持つ力に相当）を掛けることを意味しています。

また、1秒かけてボールを止めると**-4.5N**となり、0・1秒のときに比べて10分の1の力に減殺されます。

つまり、**脚にボールが長い時間接触するべく、ボールの飛んでくる方向に脚を動かしながらボールを止めると、脚にかかる負担を少なくすることができる**わけです。

胸に当ててボールを止める場合は、脚に比べて胸の部分は重いため、ボールが当たる瞬間に胸を引く速度は50分の1くらいの0.2m/sです。もちろん、ボールの接触時間を長くすると胸にかかる力が小さくなることは、以上の理論から当然です。

次にコントロールの効く蹴り方を考えてみます。空気の抵抗は無視してください。

上向きに思いっきり蹴ったボールは放物線の軌道で飛んで行きますが、**もっとも遠くまで飛ばすには45°の角度で上方に蹴り上げなければなりません。蹴ったボールの初速度が22m/sであれば50m飛びます。**

蹴る脚の重さがボールの重量の倍で0.9kgあるとすると、脚のスピードはボールの速さの半分となって11m/sです。脚を振り上げてから蹴るまでの時間が0・1秒ほどであれば、このくらいの速度になります。脚をグルグル回せたとして1秒間に2回転半回せる速度です。

ボールの中心を打ち抜くように蹴ると、ボールは回転せずに飛んでいきます。無回転でこのスピードで飛ぶと、ボールは周りの空気の流れの影響を受けて「ブレ球」と言われる軌道の定まらない飛び方になります。ゴールキーパーにはキャッチしにくい飛び方です。そのため、パスとして正確にプレーヤーのいるところに飛ばすためには、回転させる蹴り方がいいわけです。

ボールの中心より下側を蹴ると、②に示すようにボールの上部が手前に向かうように回転するバックスピンがかかります。バックスピンがかかると飛行機の翼のように上向きに力が作用して、放物線の最上部よりもさらに浮き上がるように上昇する軌道となります。ただし、最高点まで上がると落下しだすので放物線よりは遠くへは飛びません。

ボールの中心より上側を蹴ると、前方へ回転するトップスピンとなります（②）。このときは下向きに力がかかるため、放物線より低い軌道となって落下が早まります。もっとも飛ばない蹴り方です。

したがって、それほど強くないバックスピンがかかるように蹴られれば、割と安定した放物線に近い軌道で飛ばすことができる、というわけです。

1 ボールを脚でトラップ

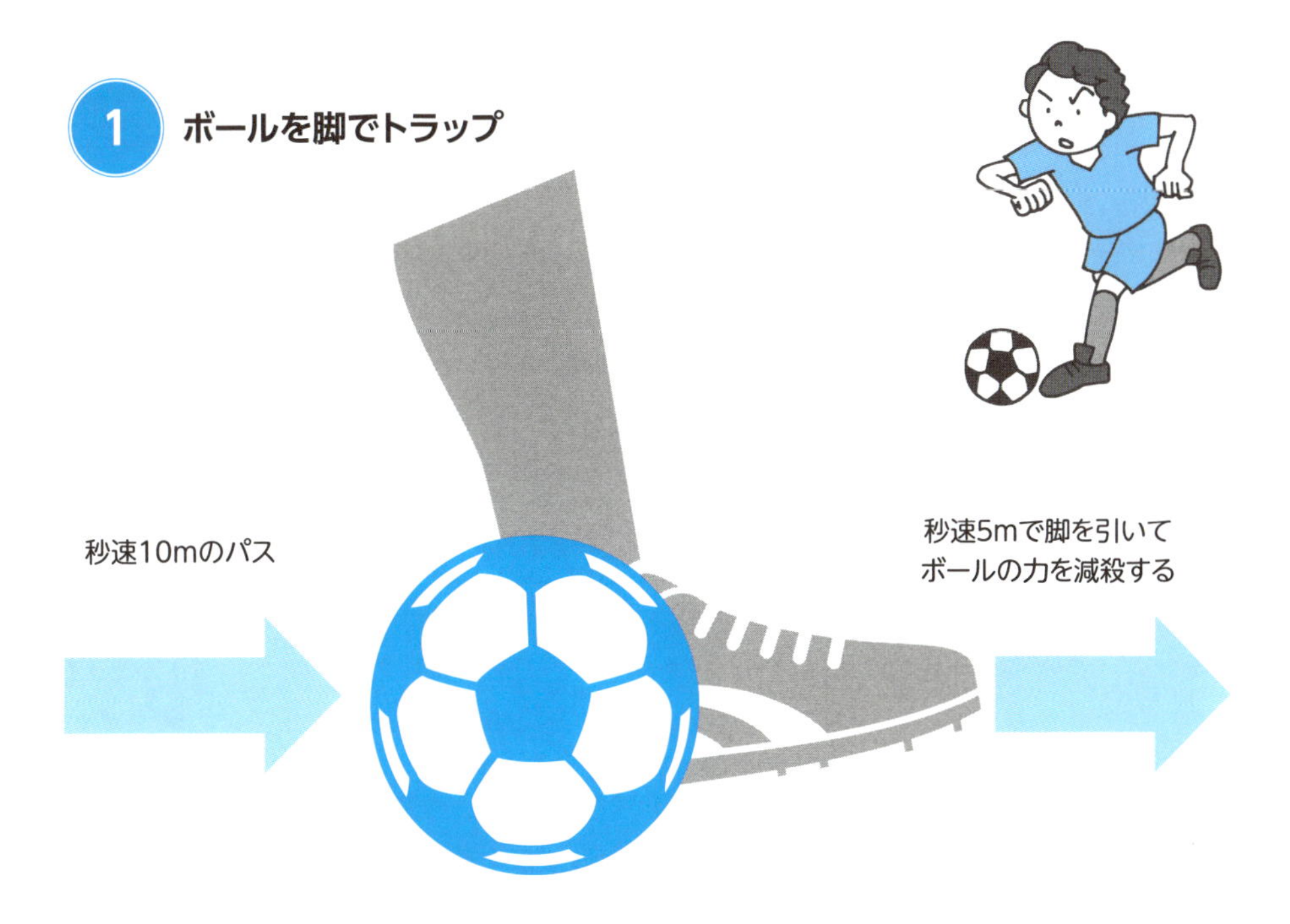

2 ボールの蹴る位置で変わる飛び方

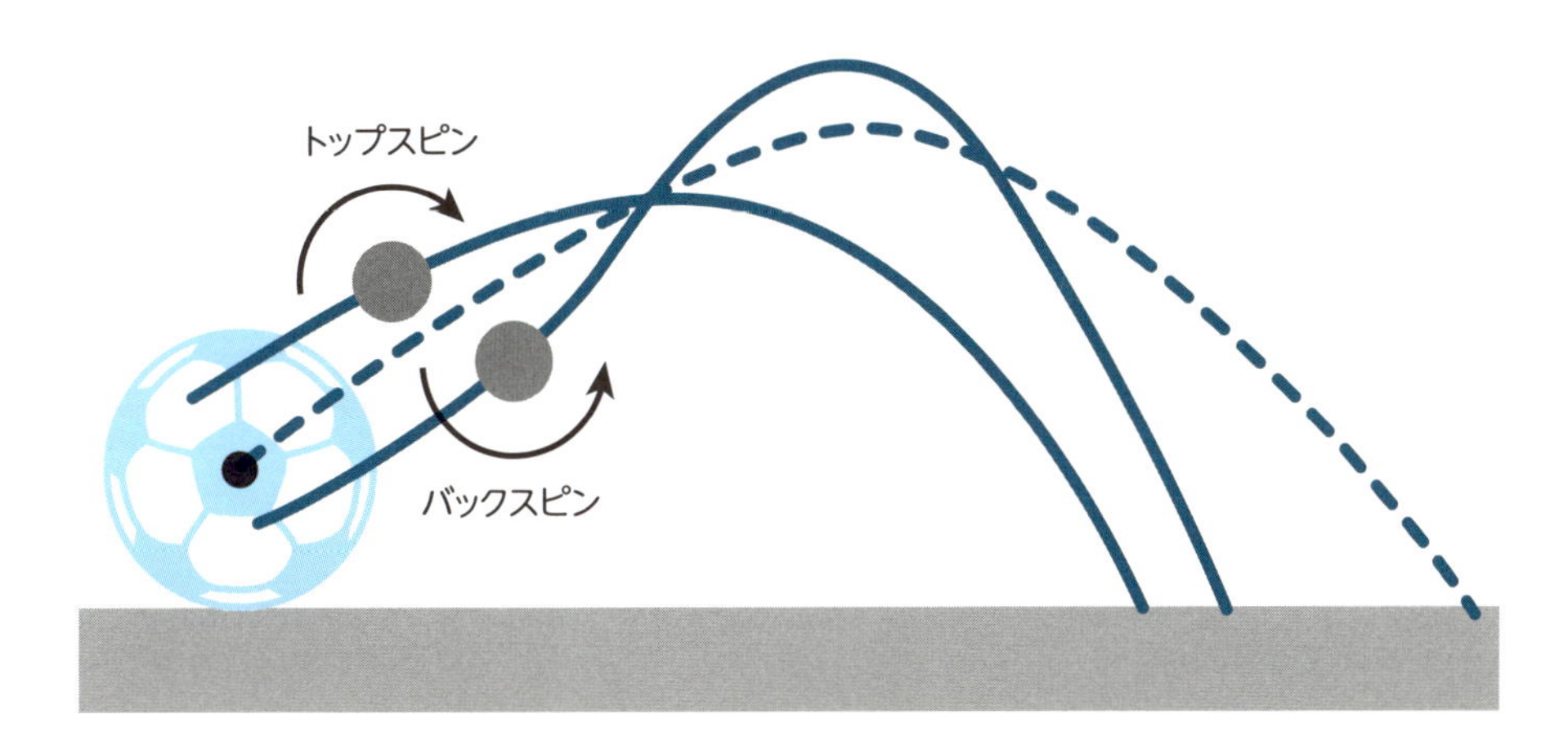

サッカー
②

転がるパスとドリブルの蹴り方とは？

止まっているボールがあります。このときにどの位置を蹴るかによって進み方に違いが生じ、転がりが3通りに別れます。例えば、**地面からボール直径の0・833倍の位置（プロ仕様5号ボールは直径22cmなので、地面から18.3cmの部分）を蹴ると、ボールは地面を滑ることなく最初からコロコロと転がります**。この位置を「転がり蹴り位置」と呼ぶことにします。

では、**転がり蹴り位置からもっと上を蹴るとどうなるか。ボール表面の前方への回転速度がボールの進む速度（並進速度）より速いために、回転速度を減速する方向に摩擦力が作用**します。摩擦力の作用する方向はボールの進む方向ですから、ボールの回転速度が落ち、並進速度が加速していきます。初めのうちは回転が空回りしながら滑って進みますが、回転速度がボールの移動速度と一致した時点から一定速度で転がりはじめます。

次に、**転がり蹴り位置から下を蹴ると、遅い逆回転をしながら滑って進みますが、やがて回転数が上がるのと同時に進む速度は落ちていく**。この3通りの進み方があるわけです。

ドリブルについても考えてみましょう。ボールの転がる速さと選手の走る速さが同じであれば、選手とボールが同じ場所近くで動くことになります。このときに転がり蹴り位置より下を蹴ると、ボールにはブレーキがかかってコントロールしやすい状況になります。上を蹴るとボールに加速がつき選手より前方に転がっていきかねません。また、ボール中心より下を強く蹴るとボールが飛び上がり、バウンドなどして扱いが難しくなります。

相手をかわしてドリブルするときは、止まってボールをキープしたり、走る速度の緩急をつけたり、走る方向を変えたりしてフェイントをかける必要があります。その都度のボールさばきは練習で身につけるほかありませんが、ボールを蹴る位置は転がり蹴り位置より下を意識したほうが無難なようです。

1 ボールを滑らせずに転がすための蹴り位置

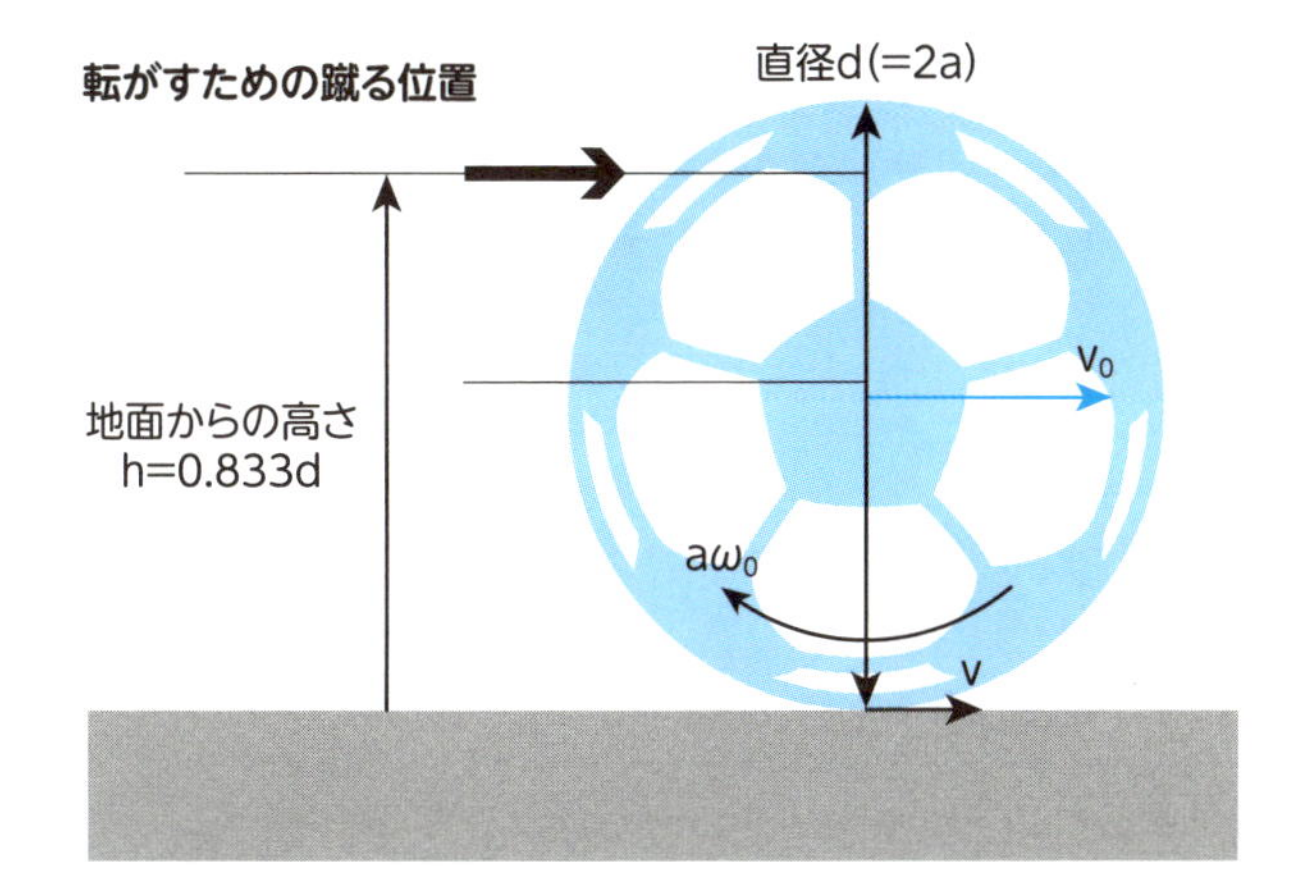

参考 計算式

●ボールの直径d=2a(aは半径)

●滑り速度v、転がり速度$a\omega_0$、Jは蹴る力積　$v=v_0-a\omega_0=\frac{5a-3h}{2am}J$

●滑りなし　$v=0:h=\frac{5}{3}a$

回転の速度=並進速度

●滑り速度　$v<0:h>\frac{5}{3}a$

回転の速度（時計方向回転）〉並進速度、摩擦力は（+x）方向→回転を減速、並進を増速

●滑り速度　$v>0:h<\frac{5}{3}a$

回転の速度（反時計方向回転）〈並進速度、摩擦力は（-x）方向→回転を加速、並進を減速

サッカー③

コーナーキックのボールとヘディング角度は？

ヘディングシュートを考えてみましょう。

❶のようにゴールの左側ポストから6mの位置にシューターが立つフォーメーションです。このときにコーナーキックのボールをどの方向へ頭で跳ね飛ばしてゴールを狙うか。ボールはプロ仕様の5号球（直径22cm、重さ450g）で考えます。

コーナーからシューターまでの距離41・77mを2・46秒で飛んでくるとすると、ボールの速さは17m/sです。ヘディングでボールを17m/sの速度を維持してシュートするとしましょう。コーナーでキックされたボールの軌跡はゴールラインに対して真っ直ぐ8・26°の角度で飛んできます。左側ポストから自分を結んだ線から見ると左手方向に81・74°です。このボールのコースをヘディングで変えてゴール内側に「左側ポストから50cmの位置（❶にⒶで表す）に打ち込む場合」「ゴール中央の位置Ⓑに打ち込む場合」「右側ポストから50cm内側の位置Ⓒに打ち込む場合」を考えてみます。

ゴールラインに平行な方向をx方向、それと直角で自分から見てのゴール方向をy方向とします。**ゴール中央のⒷに飛ばす場合、コーナー・シューター・Ⓑ地点を結んでできる三角形は❶のように鈍角三角形です。**三角形の頂点からゴールラインに垂線を引くと、交点はちょうどゴールに向かって左側ポストの位置となるようにシューターが立つわけです。

∠コーナー・シューター・左側ゴールポストは❶から90-8.26=81.74°です。したがって、Bに飛ばす場合はβ=31.38°ですから、この三角形の鈍角の∠コーナー・シューター・Ⓑは81.74+31.38=113.12°になります。

さて、コーナーキックからボールが秒速17m(時速61km)でシューターへ直線的に飛んでくるとします。これをヘディングでⒷ地点に方向を変えて同じ速度**17m/s**で方向を変えて弾き飛ばす前提です。ヘディングの力を導くために、飛来するボール速度**u1=17m/s**をxとy方向成分に分解し、それぞれを$u1_x$、$u1_y$にまとめると、$u1_x=17\times\cos(-8.26°)=16.82m/s$、$u1_y=17\times\sin(-8.26°)=-2.44m/s$(角度のマイナス符号は、ゴールラインから時計方向に測った角度を示す)となります。また、**速度のy方向成分にマイナスの符号が付くのは、ゴールへ向かう方向がプラス(正)であるため、逆にゴールから離れる方向に飛んでいることを意味します。**

ヘディング後のボール速度**u2=17m/s**もx、y方向成分に分解すると$u2_x=17\times\sin(\beta)=8.85m/s$、$u2_y=17\times\cos(\beta)=14.51m/s$となります($\because\beta=31.38°$)。ヘディングでボールに与えられた力Fはボールの運動量変化で表せるので、ヘディングにおけるボール(質量m=0.45)との接触時間を$\Delta t=0.1$秒とすると、力のx、y方向成分F_x、F_yで示せます。

$$F_x=\frac{m(u2_x-u1_x)}{\Delta t}=\frac{0.45\times(8.85-16.82)}{0.1}=-35.87N$$

$$F_y=\frac{m(u2_y-u1_y)}{\Delta t}=\frac{0.45\times\{14.51-(-2.44)\}}{0.1}=76.28N$$

F_xの値にマイナス符号が付いているのは飛んできた方向と逆方向(-x方向)という意味です。

ヘディングする角度は垂直線に対して、

$$\alpha=\tan^{-1}\left(\frac{35.87}{76.28}\right)=25.2°$$

と求められます。力の大きさ|F|は、

$$|F|=\sqrt{F_x^2+F_y^2}=\sqrt{(-35.87)^2+76.28^2}=84.3N$$

となり、錘で言えば8.6kgfのものを持っているときの力がヘッドにかかることになります。

このヘディングの力の方向は、実はⒷ地点方向ではなく、鈍角の半分の角度の方向なのです。**ボールの速度を変えずに方向を変えただけなので、あ**

たかも壁に斜めに衝突するボールの反発係数が1であるボールの反射と等しくなります。つまり、**入射角と反射角が同角度となるため、力の方向がちょうどその中心線の方向と一致する**のです。ということは、実戦ではコーナーとボールを入れたい地点との角度の半分の方向へヘディングすれば良いことになるわけです。

1 コーナーキックからのボールをヘディングする角度

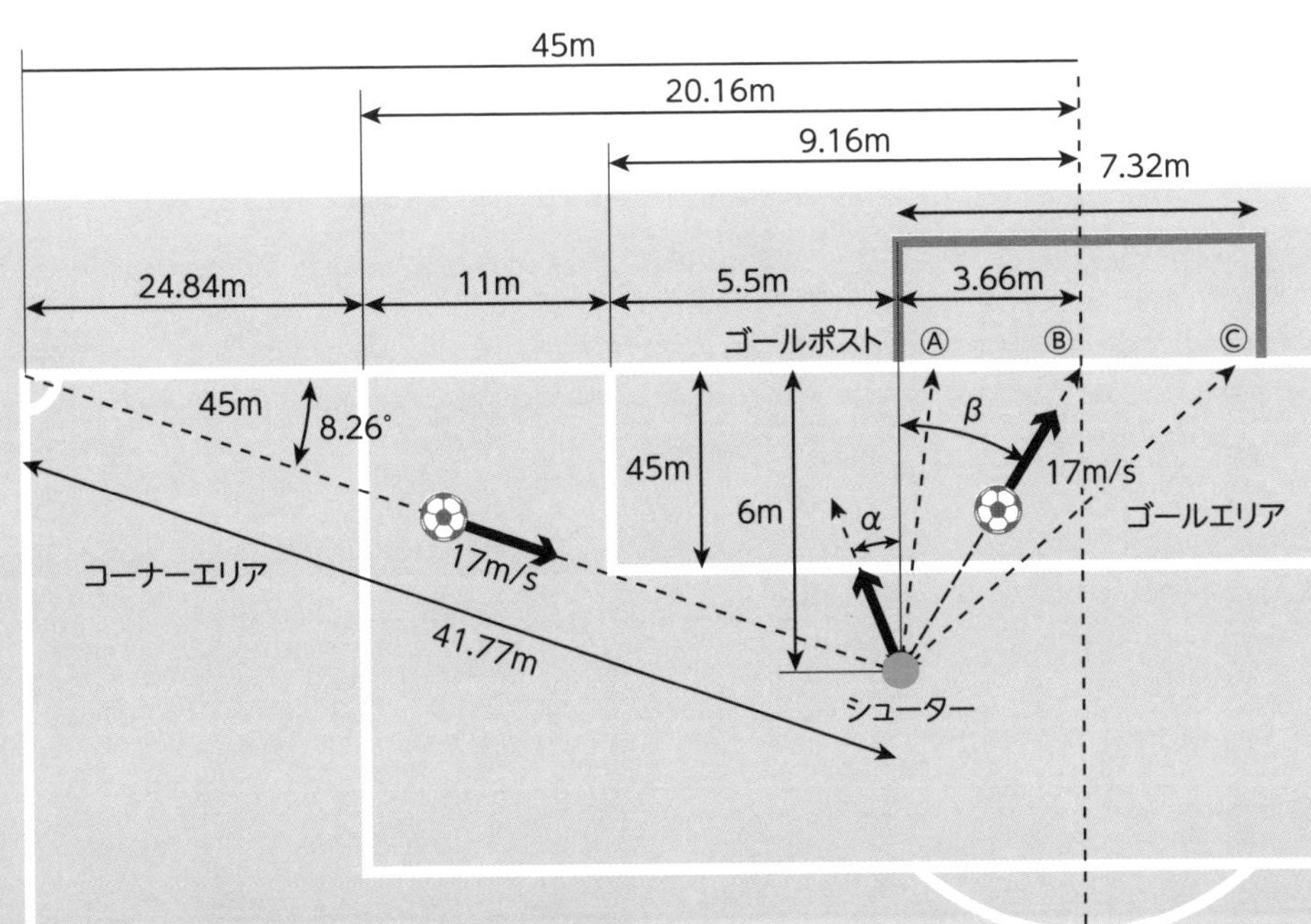

Ⓐ・Ⓑ・Ⓒ位置からのヘディング状況

	距離(m)	角度(°β)	ヘディング角度(°α)	到達時間(秒)	頭に掛かる力(N)
Ⓐ	6.02	4.76	38.5	0.35	111.4
Ⓑ	7.03	31.38	25.2	0.41	84.3
Ⓒ	9.08	48.66	16.5	0.53	64.2

テニス

スピンボールの回転速度と球速と摩擦の関係は？

テニスボールには、色は白または黄色、表面はフェルト、重さは56・0〜59・4g、直径は6.54〜6.86cmとの規格があり、**h_1=254cm**から落とした場合、**h_2=135〜147cm**まで弾まなければなりません。このことから反発係数eは、

$$e=\sqrt{\frac{h_2}{h_1}}=0.73\sim0.76$$

です。また、摩擦係数は0・6です。サーブの初速は、プロ選手で時速200km（＝秒速55・6m）にもなります。

そんな**テニスボールが他の球技のボールと決定的に違うのは毛が密集していること。毛には2つの効果**があります。ボール周りの流れが穏やかになって空気抵抗が小さくなることが1つ。そのため飛翔中のボール速度に遅速が生ぜず、予測外の飛び方もしません。ボール表面に毛がなければ、ボール後部の空気の流れは渦巻き、大きな空気抵抗を受けるうえ、渦の影響で球体が揺れやすくなります（❶）。

2つ目は、地面から跳ね返るときとラケットで打たれたとき、ボールが毛に覆われていることで地面やガットの凹凸に引っかかって摩擦が大きくなること。このためボールにスピンをかけやすく、コートに接地したボールの跳ね方が複雑に変化します（❷）。

スピンとはボールが回転していることです。**トップスピンはボールが飛ぶ方向に順回転する状態**です。これに対し、**ボールが飛ぶ方向と反対側に逆回転する状態をバックスピン**と言います。

ボールの飛んでいく速度とスピンの回転速度の関係では、飛ぶ速度（球速）に対して回転速度に遅速が生じます。仮に、トップスピンボールの球

速が遅く順回転が速ければ、速度の方向は地面との接点で後ろ向きになっています（❸）。このとき、摩擦力は回転速度を遅めるとともに、ボールの進行方向にも向いているため、この回転状態では、ボールが接地すると同時に前方に向かって急に球足（たまあし）が速くなります。

逆に、ボールの順回転が遅く球足が速ければ、接地したボールの速度は前向きとなります。摩擦力は後ろ方向にかかり、ボールの回転速度を上げて球足を遅くします。しかし、球足が相当に速ければボールが地面を滑ってその後に転がります。

バックスピンでは接地したボールの回転方向と進む方向が同じなので、回転速度と球足に関係なく進行方向に対して後ろ向きに摩擦力が作用します。**回転速度と球足を足した状態が大きいほど摩擦力は極大化していき、ボール表面と地面が速い速度で擦れて摩擦熱で熱くなります。そして、後ろ向きにかかる摩擦力はボールの回転を遅め、ついにはバックスピンからトップスピンに変化させる**のです。

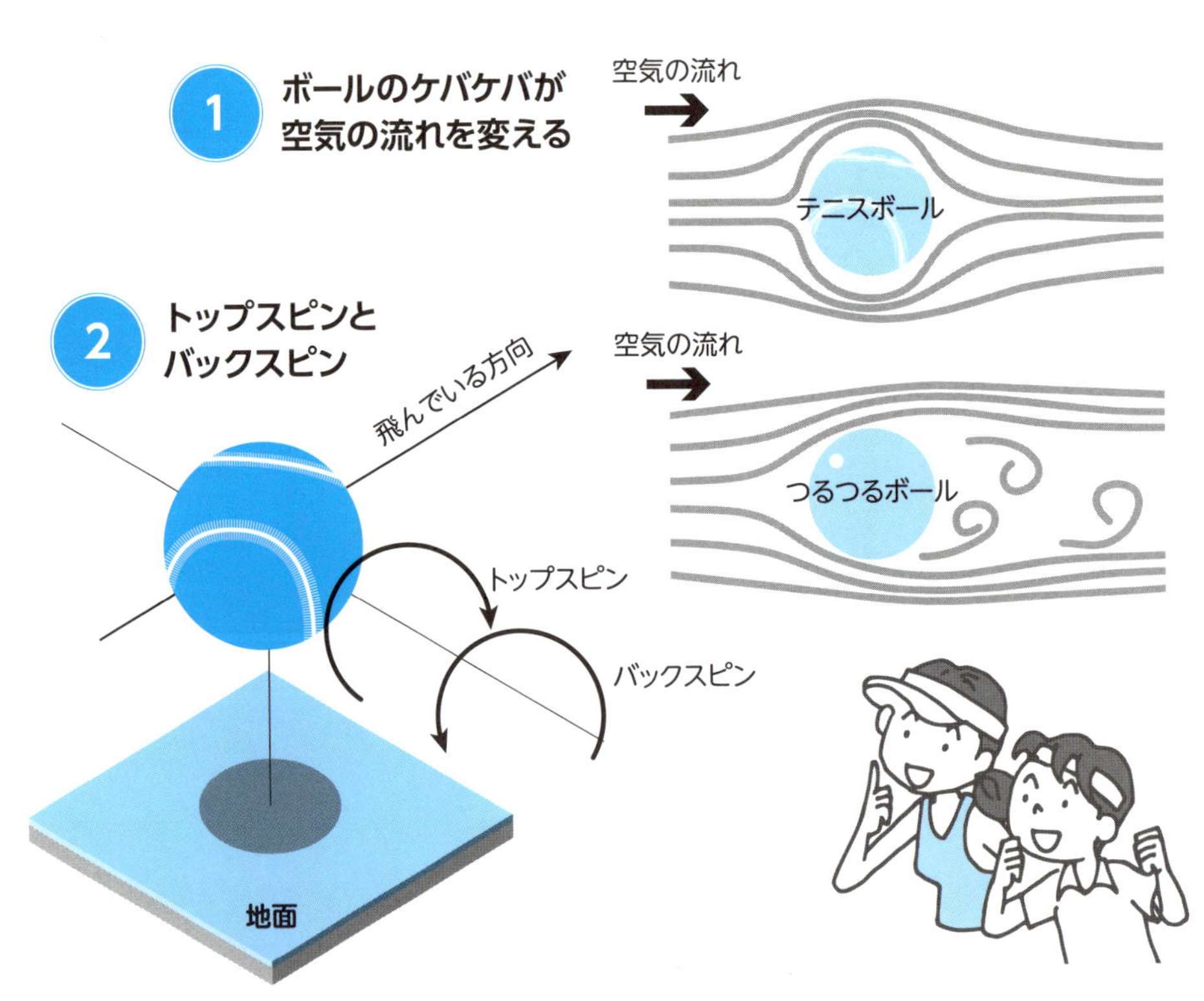

次は、ボールがテニスコートに斜めに衝突して跳ね返るときの考察です。摩擦のない場合、❹のようにボールの飛ぶ方向とコートとの成す角度が42°、速度27m/sで衝突する前提にします。コートと平行な速度は20m/sで、衝突しても摩擦がないため反射後も速度は20m/sのままですが、コートに垂直に衝突する前の速度18m/sのときは、衝突後に跳ね返って上向きの速度に変わり、大きさが反発係数を衝突前の速度に掛けて12.6m/sになるのです。

❹から衝突して跳ね返った角度は32°で、跳ね返る前の角度42°比べて小さくなっていることがわかります。**反発係数が小さい（弾みが小さい）ほど、衝突後のボールは小さい角度で飛び出します**。ただし、反発係数1の場合を完全反射と言い、このときだけは衝突前と後でも角度が変わりません。

スピンせず無回転で衝突したときの摩擦の効果についても考えてみます。この状態では、コートに衝突した瞬間に摩擦力がボールの水平方向の速度を減速させると同時にトップスピンがかかりま

3 スピンとボールスピードの関係が摩擦力の方向を決める

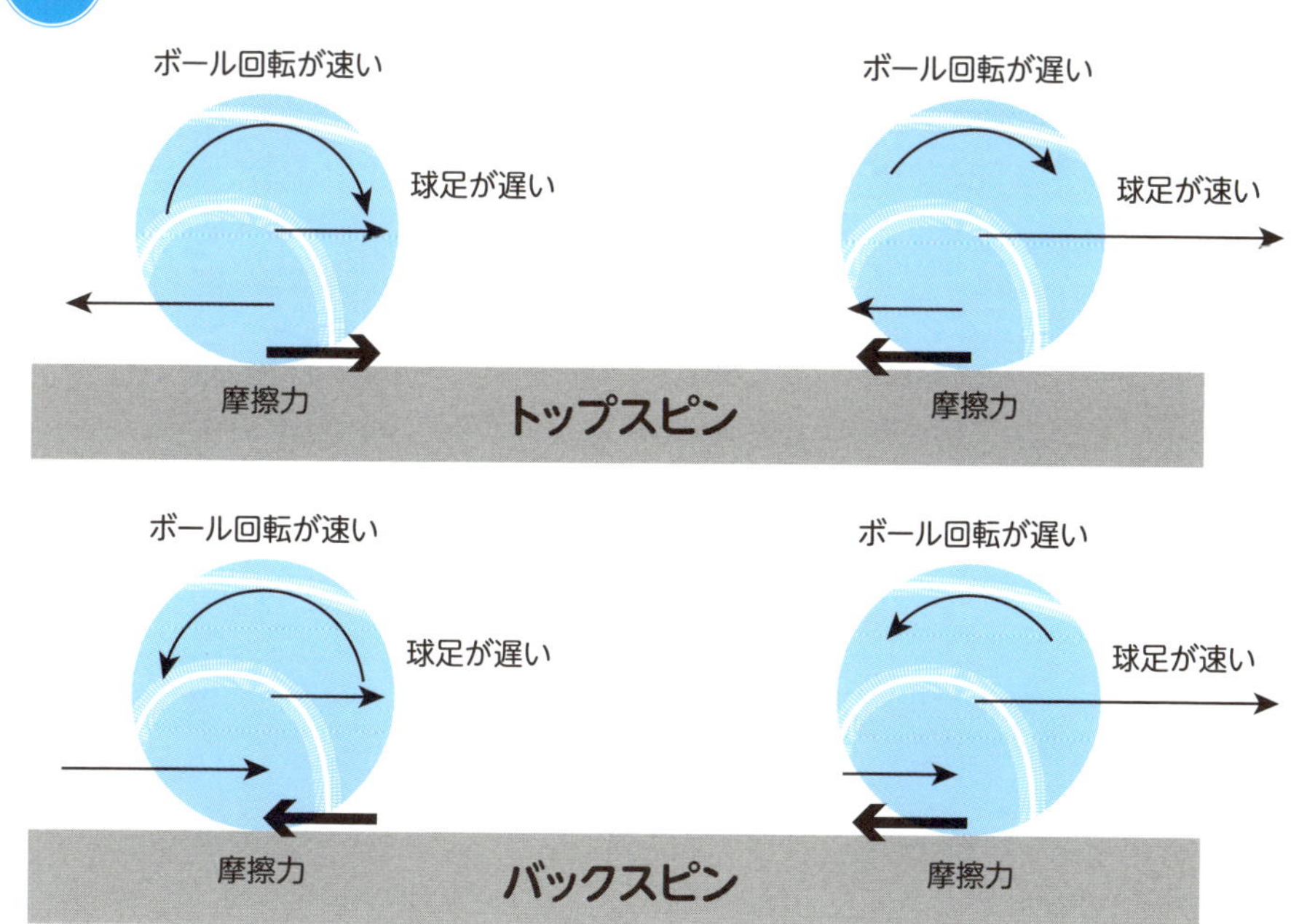

す（❺）。コートに垂直方向の速度成分も反発係数分減速されます。そのため、衝突後に斜めに飛ぶ角度が球速の割合で決まるわけです。例えば、**摩擦での減速が強いと角度を大きくして上方向に飛び上がってしまいます**。また、**摩擦力のかかり方が進行方向と逆向きなため、飛び跳ねるときのボールにはトップスピンがかかる**のです。

❻のように、回転の速いトップスピンボールがある角度でコートに衝突すると、跳ね返るときにボールスピードが上がって鋭角で飛び出しますが、回転は弱まります。スピン回転が遅い場合、衝突によってスピードが遅くなります。ただし、鈍角で跳ね、回転が速くなることもあります。

❼のように、回転の速いバックスピンでは衝突時にボールスピードは遅くなって跳ね返り角度も鈍角になります。ボール回転も遅くなりますが、トップスピンに回転が変わることもあります。これに対し、初めからボール回転が遅ければ、跳ね返るときにスピードも回転も遅くなります。跳ね返り角度は、最初とそれほど変わらないか、大きくなったりします。

スピンの掛け方ひとつでボールの動きが予想外に変化しますが、クレーや芝などサーフェスの違いや、**新品ボールと使い古しボールでも摩擦係数が異なる**ので注意しておいたほうが良さそうです。

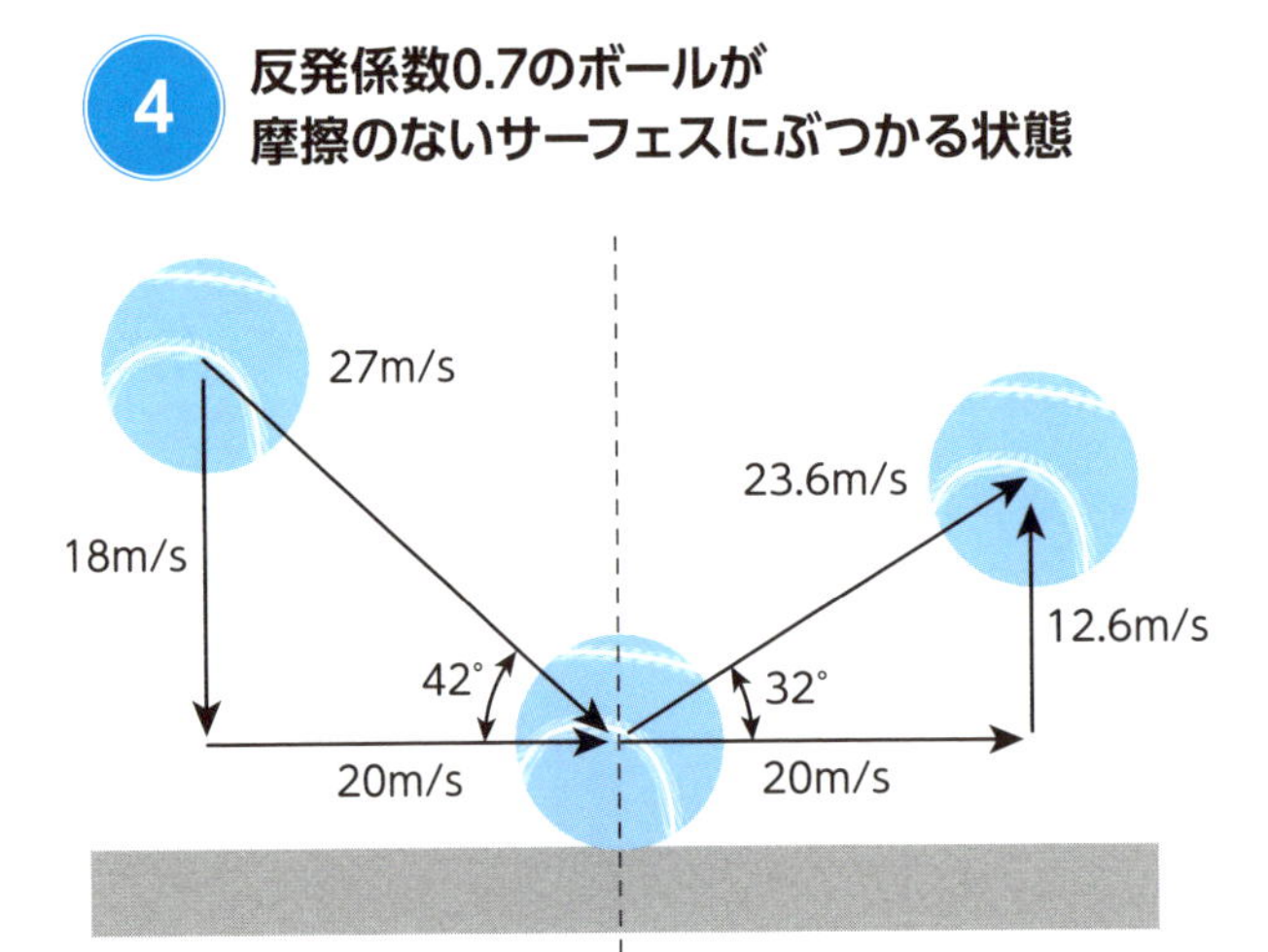

❹ 反発係数0.7のボールが摩擦のないサーフェスにぶつかる状態

5 ボールが無回転でサーフェスに衝突した状態

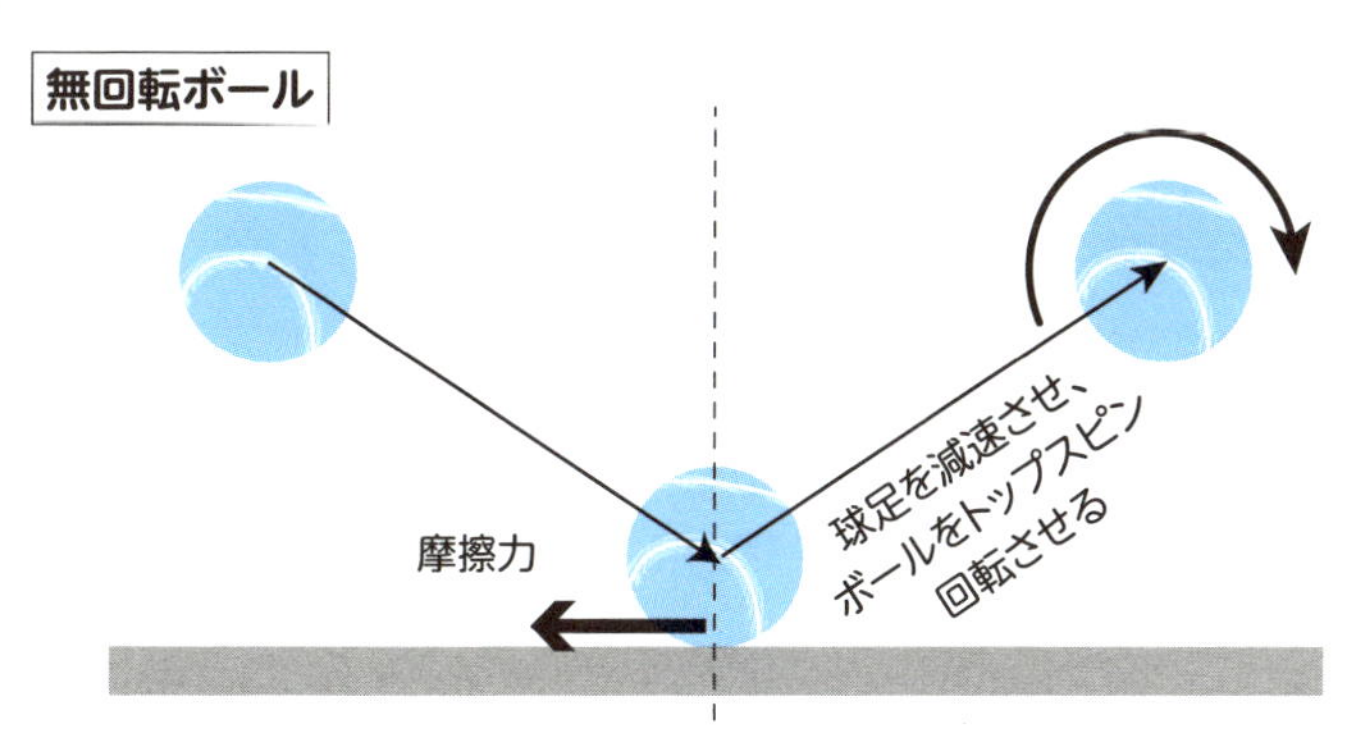

6 トップスピンの回転数の違いによって異なる跳ね方

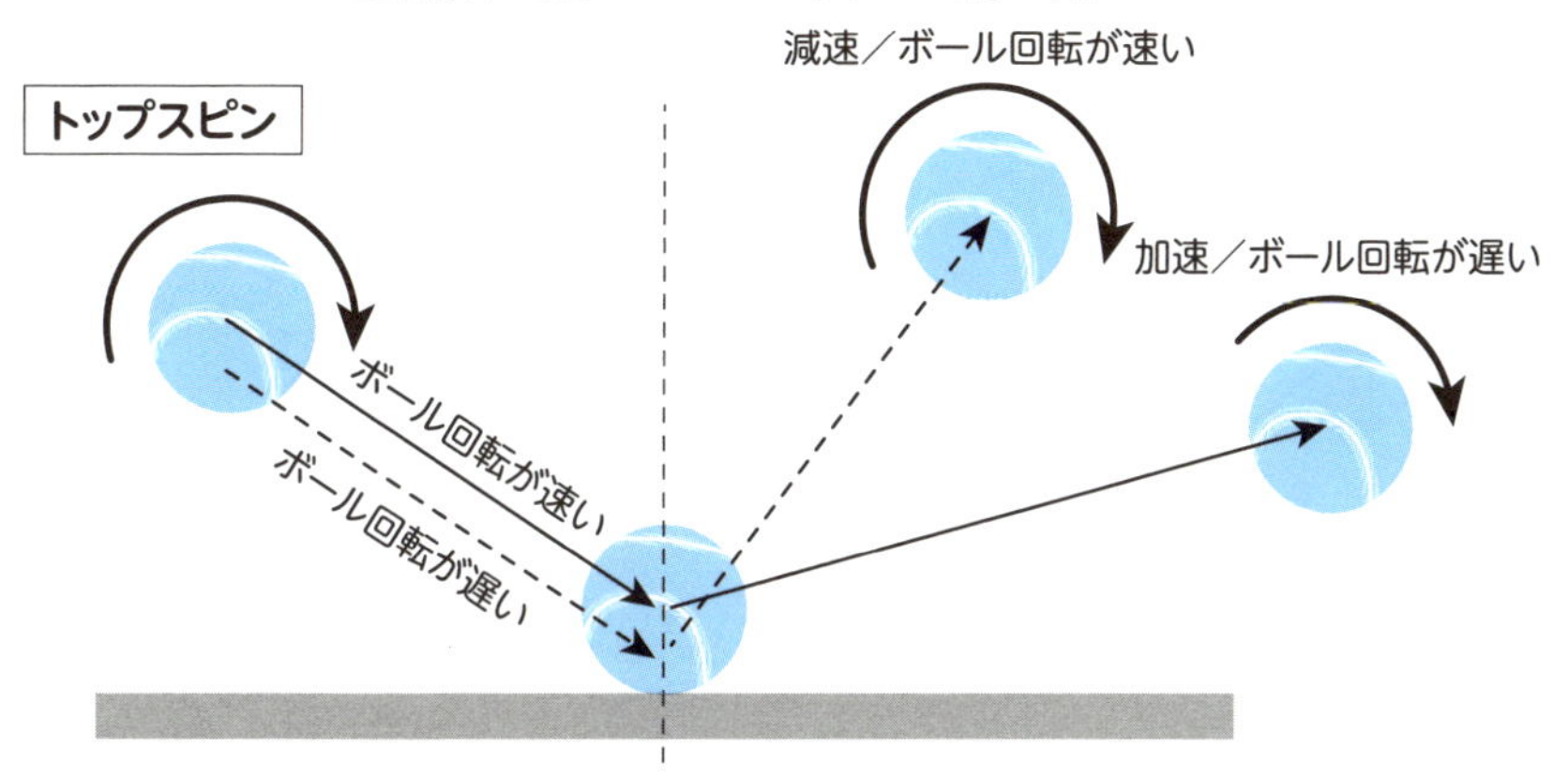

7 バックスピンの回転数の違いによって異なる跳ね方

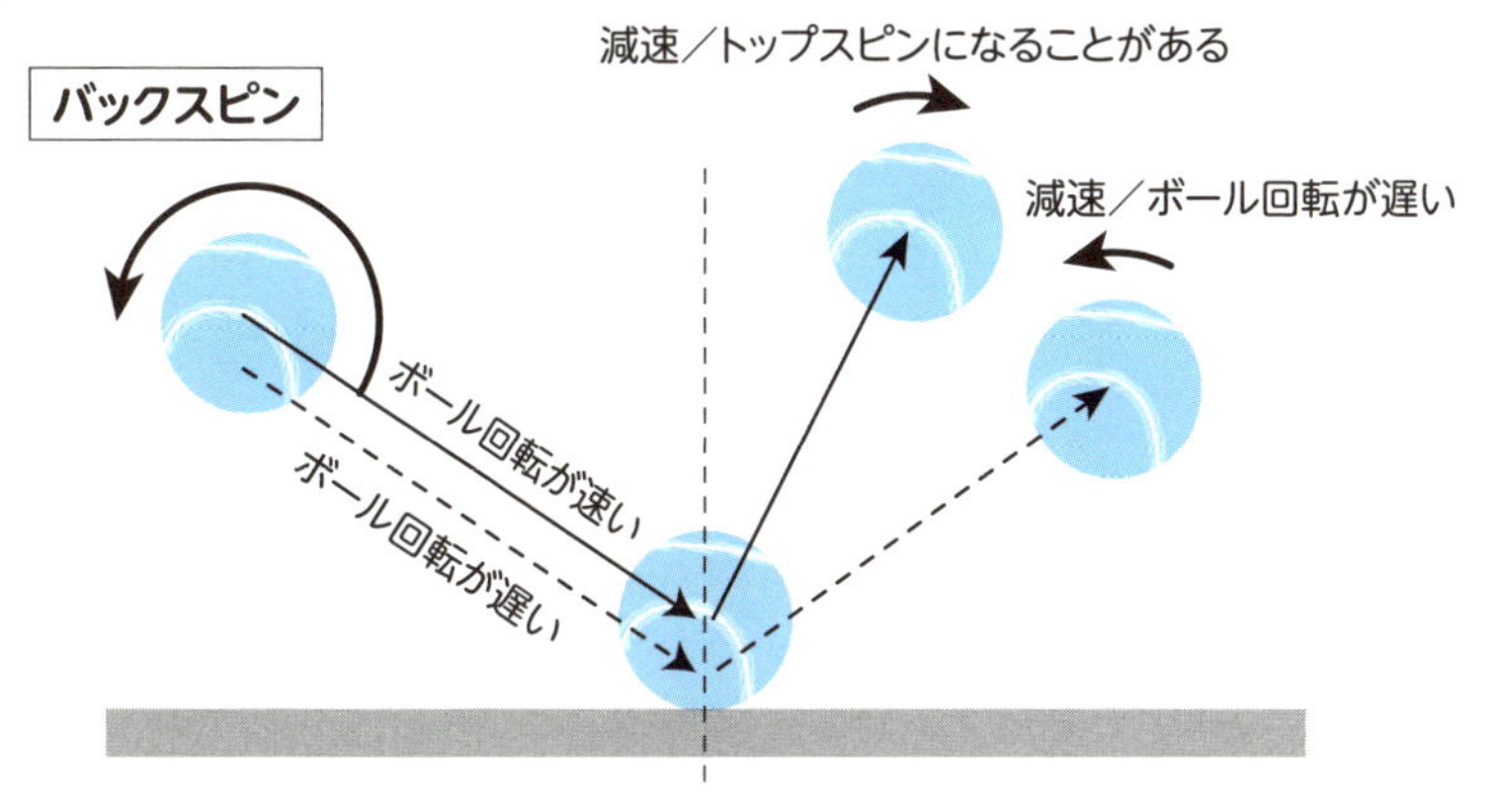

野球

バントで当てたボールを速度0にするバットの引き方は？

バント職人・元巨人軍の川相昌弘さんは23年間で533回バントをしており、ギネス記録を持っています。彼のバント成功率は9割をちょっと超えるほど凄い。周知のようにバントはバットのグリップと重心付近を持って、投げられたボールをバットに当て内野に転がします。目線近くにバットを固定するので、空振りする確率は低いと言われています。

ボールの直径は7.4cm、重さは145gです。これが137km/h（=38m/s）で飛んできたとしましょう。固定したバットにボールを当てるとどうなるかは❷で説明しました。

これに対して、バットに当てたボールの速度を0にして、ポロッと下に落とすことを考えてみましょう。運動量保存則からボールの飛んでくる方向の運動量を0にするわけです。**ボールとバットの持っている運動量の和が、変化した後のそれぞれの運動量の和と等しいというのが運動量保存則です。**

重さ0.145kgfのボールが速度38m/sで飛んでくるときの運動量$p_{ball}=mv$より、$p_{ball1}=0.145\times38=5.51$kgm/s。バットの重さは0.910kgfで、初めは止まっているので速度は0m/sです。したがって、バットの持つ運動量は$p_{bat1}=0$kgm/s。そのために最初の状態（表記を1とする）での運動量の和は$p_{ball1}+p_{bat1}=5.51+0=5.51$kgm/sとなるわけです。

ボールをバットに当てた（表記を2とする）あとにボールの速度を0とするには($p_{ball2}=0$)、バットの運動量（p_{bat2}）が$p_{ball2}+p_{bat2}=0+p_{bat2}=5.51$kgm/sなので$v_{bat2}=5.51/0.910=6.05$m/sの数式が立ちます。つまり、ボールの飛んでくる方向と同じ方向に速度6.05m/sでバットを動かしながら当てることになります。この場合、バットを後ろに引きながらボールに当てるのですが、それは30cmの距離を0・05秒で後ろに引く速度です。**このときのボールから受ける力は0.145×{0−(−28)}/0.01=406Nであり、約41kgのものを持ちあげる力と同等**です。ここからバットを動かさずにボールを当てたときより、ボールから受ける衝撃は小さいことがわかります。

キャッチボールのときにグローブを引きながら捕球すると手が痛くないのは、同じ原理だからです。

1 バントの姿勢

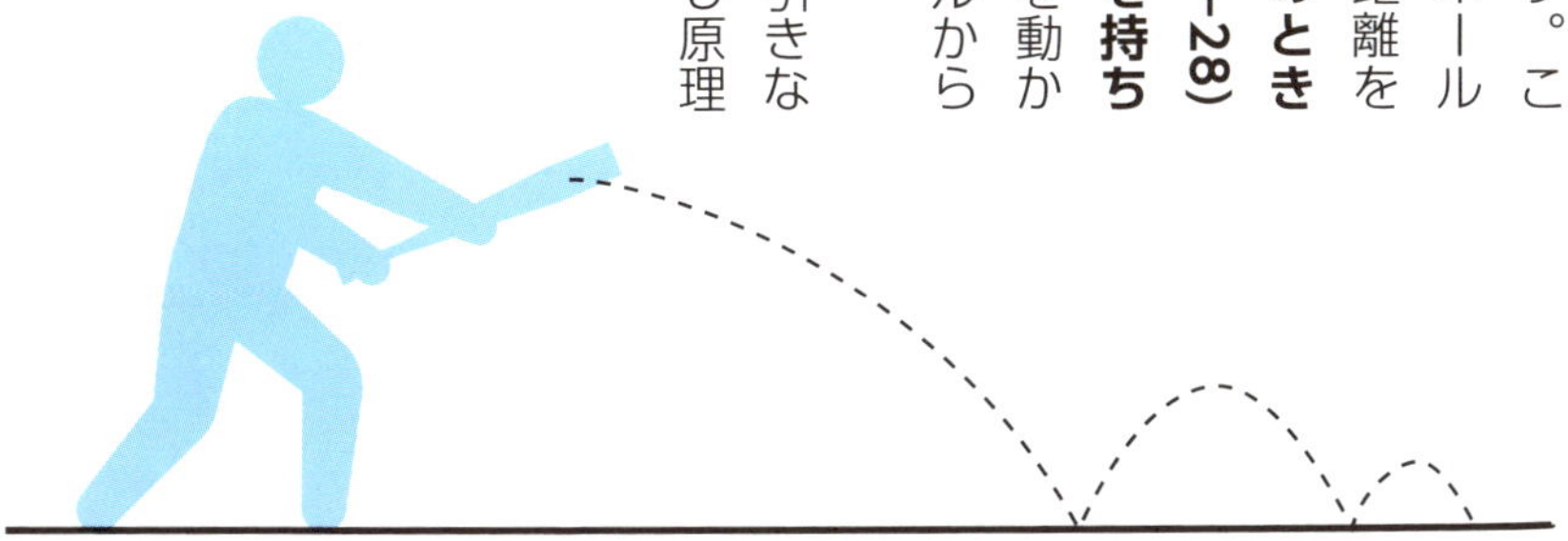

2 バントでボールの速度を0にする

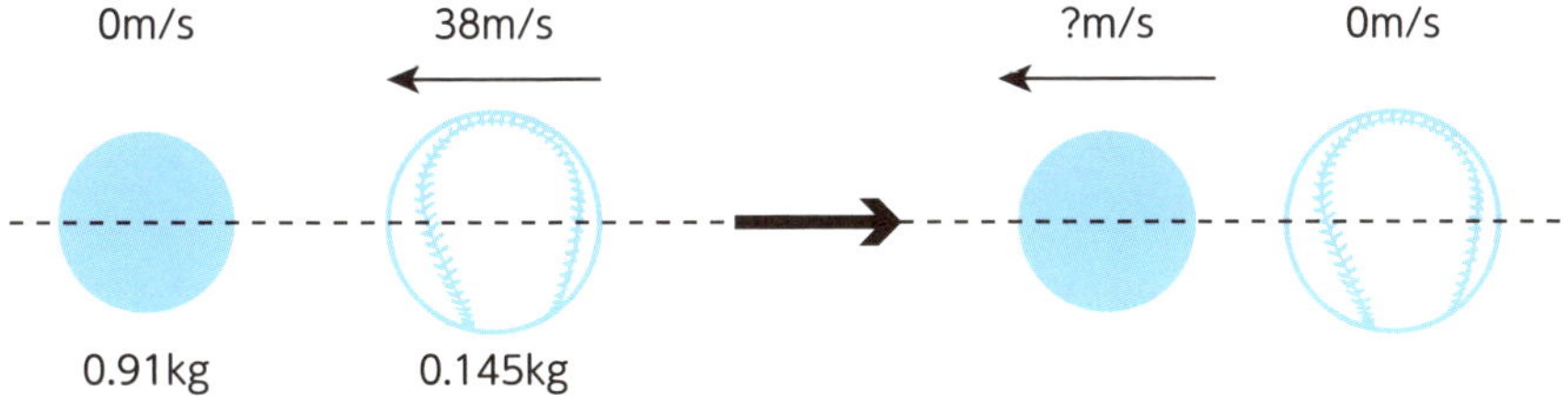

ボールとバットの反発係数は0.4。バットを動かさずにボールを当てると、ボールの速度に反発係数を掛けた速度で跳ね返るため、38×0.4=15.2m/sとなる。
ボールを腰の高さ1mのところでバットに当てた場合、ボールが地面に落ちるまで=0.45秒かかり、15.2m/s×0.45s=6.8m前方の地面に落ちて転がる。なお、衝突時間を0.1秒として、バットを動かないように手で支える力は0.145×{15.2−(−38)}/0.01=771N。これは瞬間的（0.1秒間）に79kgfのものを持ち上げるのと同じくらいの力である。

バスケットボール

シュートの軌道とバウンドパスの合理的な放り方とは?

3ポイントラインはゴール下から6・75m離れています。ボールを2mの高さからシュートすると、ゴールはそれより1・05m高い位置にあります。ゴール枠の直径は45cm、ボールは直径24.5cm、重さ650gf。ボールがバスケット枠に対して垂直に真ん中に入れば、枠とボールの間には10.25cmの隙間が空きます。

次に、**ボールが枠に対して傾いた角度で入っていくと、ボールから見て枠は❶の点線で示すように楕円に見えます。**このとき**楕円の短径d_sが24.5cm以上ないとボールは入りません。**これは$d_s>0.45\times\sin\theta$から$\theta>33°$と求められます(❷)。これは最低この角度にボールが飛ぶ放物線で投げればいいのです。

❸は、選手が2mの高さから45°方向にシュートするプレーです。ゴールはボールを放る起点から1・05mの高さにあり、水平方向には6・75m離れています。この1・05mの高さ(床から3・05m)にあるゴールに33°の角度にボールが入るためのシュートのスピード**U m/s**を求めてみましょう。

方程式は次のようになります。

$u_0=U\cos45°$, $v_0=U\sin45°$

$t=\dfrac{6.75}{u}=\dfrac{6.75}{U\cos45°}$, $u=u_0$, $v=-gt+v_0$

$\left|\dfrac{v}{u}\right|_t=\tan33°$

これらより、Uを求める式は次のように表せます。

$$U=\sqrt{\frac{6.75\times9.8}{\cos45°\times(\sin45°+\cos45°\times\tan33°)}}=8.96\text{m/s}$$

つまり、45°方向に8.96m/sで押し投げれば、ボールは放物線を描きつつ投げた起点から水平方向に4・10mの地点で2・05m（起点から）の最高点に達します。その後は放物線に沿って落ちていき、33°の傾きをもってバスケットの枠をかすめてスポッと入るわけです。**このボールの軌道が最短なので、初期の速度はU=8.96m/sしかない**ことになります。

つぎに、バウンドパスについて考えてみます。DFがブロックしてチェストパスができない場合、ボールをバウンドさせて味方にパスを出します。このとき、どのくらいの角度と強さのパスが味方にとって受け取りやすいのでしょうか。

手から離れたボールは重力によって放物線を描きながら下に落ちます。選手は2・8m先にいる味方が受け取りやすいようにバウンドパスを出すこととします。ボールを押し出す高さは腰の高さで1・15mです。**押し出す速度は5.78m/sで水平から44°下向きにパスを出し**ます。**手の下から1・37m先を狙うと40°の方向になるのが目安**です。ボールは放物線を描き、手の下から約9m先の床で跳ね返ります。

跳ね返り時の速度が床に衝突する瞬間の速度に対して、どれほどの大きさとなるかを示す比を反発係数と言います。**バスケットボールの反発係数は0・85**なので、跳ね返り時の速度は衝突する瞬間の速度の85%。エネルギーを少し失うというところですが、そのエネルギーは熱となって床を温めます。

衝突時の速さは、重力によって手で押したときの速度5.78m/sより速くなり、7.48m/sです。床への衝突角度は床の面から測って56°。床面から52°の斜め方向に速さ6.72m/sで跳ね返って2m飛ぶと、味方の1・4mの胸元の高さに水平に4.2m/sの速度で入っていきます。ボールの軌跡は放物線で、頂点が味方の胸元の高さになるようにパスするわけです。

❹のように、**パスを出した選手とキャッチする味方との中間ではなく、選手間の距離を1対2に分けた地点で弾ませること**です。ボールは

パスを出してから0・2秒後に弾んだ後、0・5秒で味方が受け取るので合計0・7秒かかります。手元までの速度は4.20m/sです。0・1秒で0m/sにするようにキャッチする力は**F=0.65×4.20/0.1=27N**なので、約2.8kgfの錘を持つほどの力を受けます。

比較のために、同じ距離を5.78m/sで49°上向きにパスした場合は、放物線を描いて手元に届くので0・79秒かかります。**チェストパスよりバウンドパスのほうが速い**というわけです。

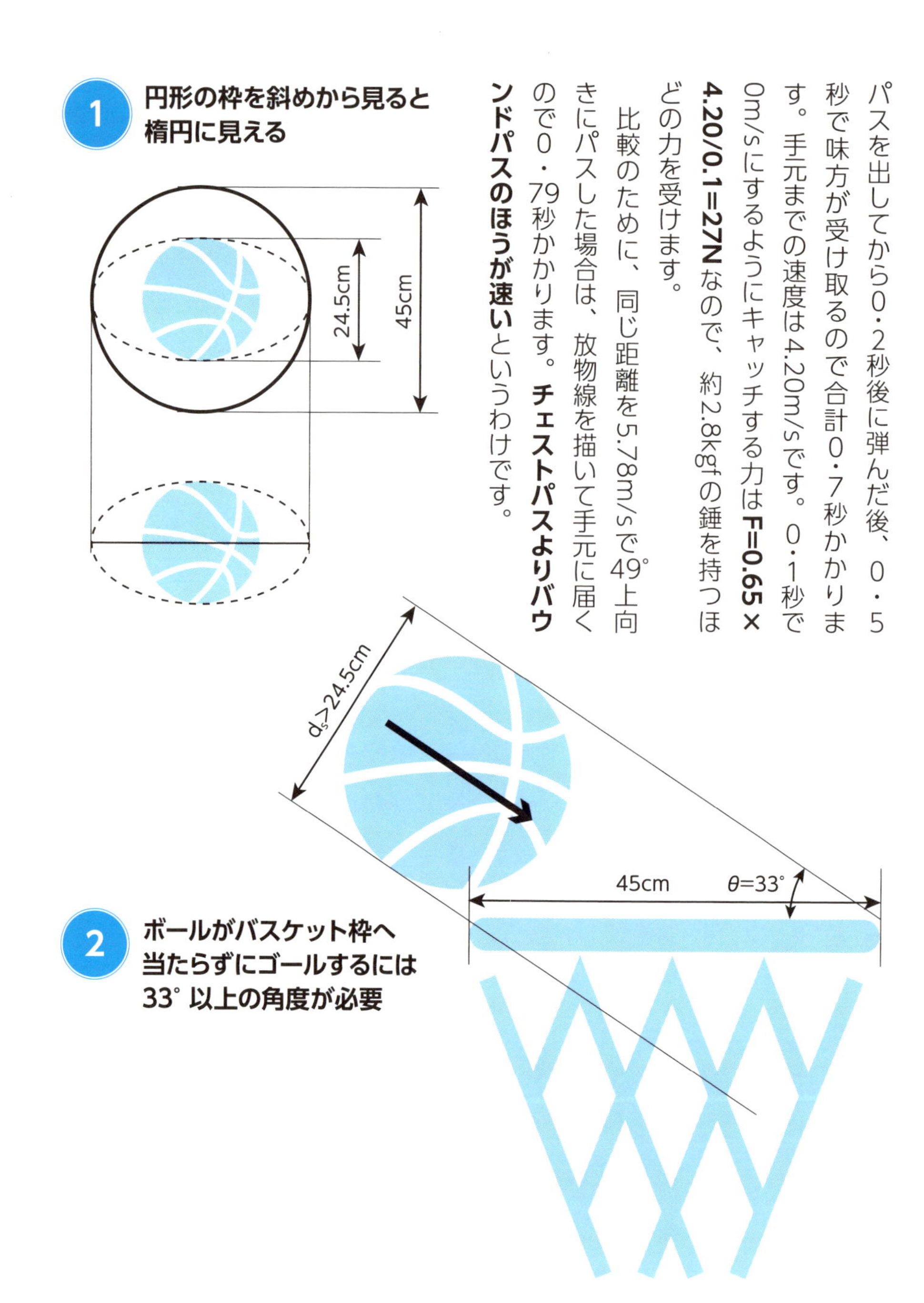

3 3点シュートの最短軌跡

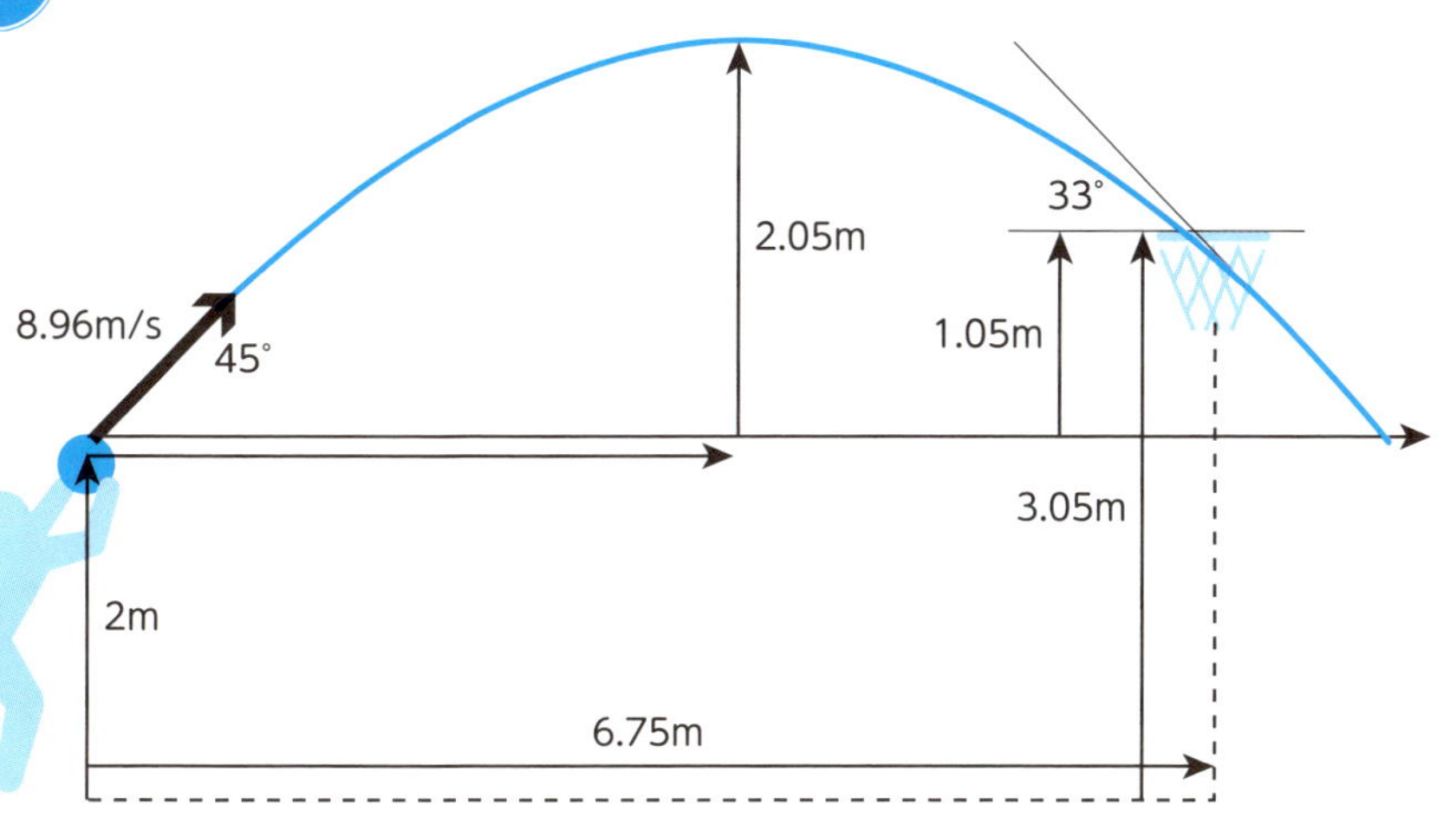

4 バウンドパスのボール軌跡

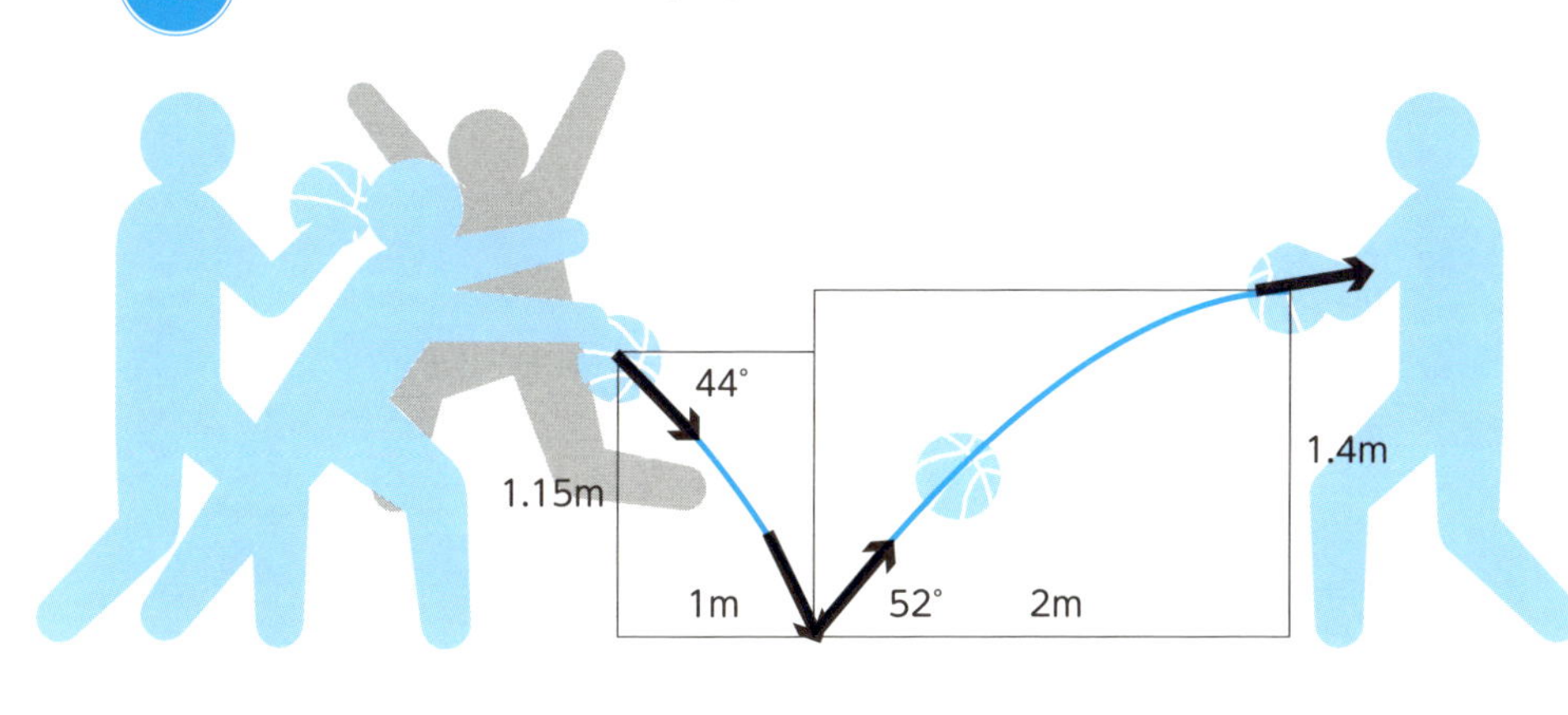

バレーボール

無回転スパイクの球筋を予測不能にするレイノルズ数とは？

9ｍ四方のバレーボールコートを守る6人の守備範囲を❶に示しました。ネットの高さは一般男子の2・43ｍ。守備範囲はプレーヤーの脚元から伸ばした手の先までの長さ（平均2・4ｍと仮定）が半径の円内としています。これを見る限り、重なり合った部分を2～4人でカバーしているため、どこへボールを打ってもレシーブされるように見えます。この隙間のないコートへボールを打ち込むには、フェイントで選手の位置をずらせて隙間を作るか、守備陣形が整う前にアタックするかしかないようです。

では、ネット際のA点から対角線上の後方コーナーを狙ってスパイクすることを考えます。コーナーB点の守備は一人だけなので得点のチャンスはあります。スパイクを時速150kmとすれば秒速では41.7m/s。後方コーナーまでの距離は、

$\sqrt{9^2+9^2}=12.7$m

なので、ジャンプして3ｍの高さから打ったボールが直線的に飛ぶとすると、ボールの移動距離は、

$\sqrt{3^2+12.7^2}=13.05$m

です。したがって、ボールがB地点に到達するまでの時間は13.05/41.7=0.31秒となります。

人間が反応するまでの時間は0・2秒とされているのに、スパイクの瞬間から0・1秒で2・4ｍ動かなければなりません。2.4/0.1=24m/sの速度です。0・1秒でこの速度になるので加速度は24/0.1=240m/s^{2}です。80kgfの体重であれば、右の加速を得るための力は**F=80×240=19200N**となります。つまり、約2トンの錘を持つ力が必要だということになります。無理

でしょう。

逆に、倒れる込む加速度=重力加速度で2・4m移動する時間を逆算すると、

$$t=\sqrt{2\times2.4/9.8}=0.7秒$$

かかることがわかります。スパイクの瞬間から0・2+0・7=0・9秒なので、先の速度でボールを打てば点が入ることになります。ちなみに、0・9秒以上かかるスパイクのスピードは13.05/0.9=14.5m/s以下です。時速なら52km/h以下です。この速度のスパイクでも、ネットから3m離れたところに打つときに床に到達する時間は、

$$\frac{\sqrt{3^2+3^2}}{14.5}=0.29秒$$

ですから、レシーバーは取れないことになります。いずれにしても、フェイントをかけて守備陣形に隙間を空けさせることが重要となります。

　110km/hのサーブは秒速では30.6m/sです。ボールの直径20cm。このスピードで飛ぶボール周りの空気の流れを知るためにレイノルズ数Re*（=寸法×スピード／空気の動粘性係数）を求めると、空気の動粘性係数は**$1.5\times10^{-5}m^2/s$**なので、**$Re=0.2\times30.6/1.5\times10^{-5}=4.08\times10^5$**と計算できます。❷のグラフの、ちょうど**クリティカルレイノルズ数**あたりです。ここは**無回転で打ったボールの空気の流れが剥離（はくり）する様子の激変するところです。ボールが予測不能の運動をする**ため、レシーブしにくいサーブとなります。他の球技でもクリティカルレイノルズ数あたりでボールの動きは激変します。予測不能な動きをすることで競技の面白さ（ギャンブル性）を増すという事実を、歴史的に経験として会得した結果、数々の球技ができあがったと言えるでしょう。

　クリティカルレイノルズ数付近では、空気の流れの剥離する位置が前方から測ると約85°となりますが、クリティカルレイノルズ数を超えると約120°へと変化して、後方の負圧領域が小さくなります。これが**抵抗減少**の原因です。

　抵抗減少を有効に使っているのは、ゴルフボー

＊ **レイノルズ数**：速度とボールの直径を掛け、空気の粘り気を表す動粘性係数で割ったものをレイノルズ数と言う。ボールの速度が大きいとレイノルズ数も大きくなる。ある速度になったとき、急に空気抵抗が小さくなることがある。このときのレイノルズ数をクリティカルレイノルズ数と言う。

ルです。表面に小さな窪み（ディンプル）をつけることで空気の流れを乱し、クリティカルレイノルズ数が小さくなって普通では起こらないレイノルズ数でも剥離位置を後方にずらす役割をさせているのです。結果として抵抗が小さくなり、遠くまで飛ばせます。

このように、**ボールの表面状態を特徴づける縫い目や材質、回転数、回転方向の違いがクリティカルレイノルズ数を変化させるために、どのくらいの速度で飛ばせば抵抗が劇的に変化するのかが予想できなくなる**のです。

1 バレーボールコートの半面と守備範囲

9m
9m
ネット
A
B

2 ボールのレイノルズ数に対する抵抗係数変化

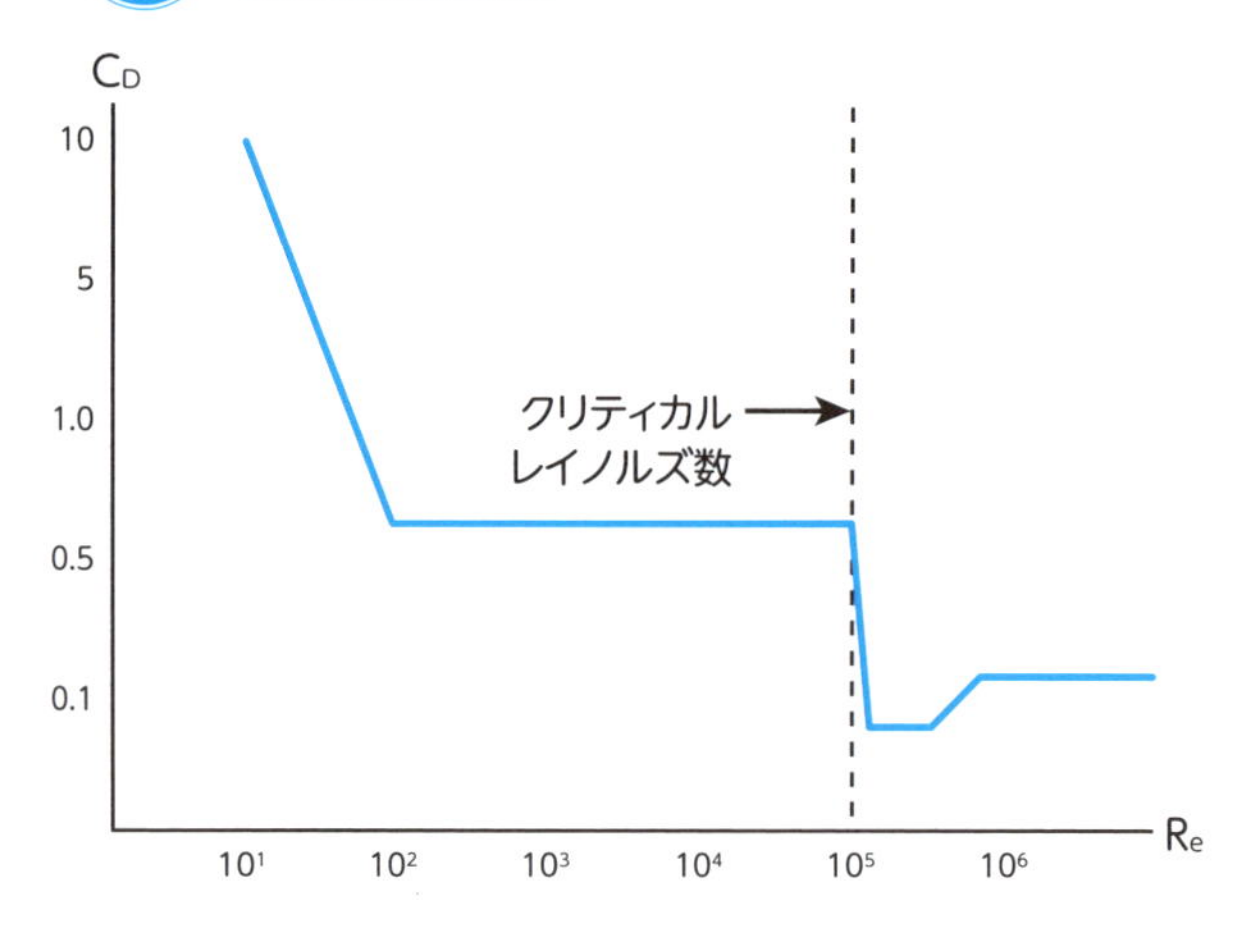

卓球

ボールの回転力を強めて揚力を上げるスピン効果とは？

卓球のボールはＩＴＴＦ（国際卓球連盟）の規定で、直径40.0～40.6㎜、重さ2.67～2.77g、素材はプラスチックと決められています。卓球台は高さ76cm、幅152.5cm×長さ274cm、中央に貼られたネットの高さは15.25cmです。

卓球の醍醐味はラバーラケットによって強烈に回転を掛けたボールの打ち合いにありますが、これを❶を参考に考えてみます。ちなみにボールと台の反発係数は0.876です。

さて、**ボールが回転するとその周りの空気も引きずられて回転し、ボール周りに渦流を作ります。**この渦の強さを循環**Γ**で表します。ボールの回転数**n[rps]**、角速度（回転速度）**Ω[rad/s]**、ボールの半径**r[m]**には次のような関係があります。

$\Gamma=2\pi r^2\Omega=4\pi^2 r^2 n$　→①

この循環を持った**物体が速度U[m/s]で進んでいるとすれば、進む方向に直角な方向の力である揚力*Lが生じます。**揚力は次のように表せます。

$L=\rho U\Gamma\times cr$　→②

ρは空気の密度で**ρ＝1.2kg/m³**です。また、**c**は1mの長さの円柱の揚力が表せるので、それをボールに換算するための係数のことです。したがって、ボールの生み出す揚力を円柱に見立てると、半径rの何倍の長さ（**cr**）を持った円柱に等価ということを示します。実験結果から**c＝0.05**とします。

式①と②から、値を代入すると、

$L=4\pi^2\rho r^3 nU\times c=1.89\times10^{-5}\times nU$　→③

となります。つまり、**揚力はボールの回転数と速**

＊ **揚力**：ボールが進む方向に対して直角方向にかかる力。ボールを過ぎる流れがボールによって曲げられる反力として発生する。ボール回りの流れが対称であれば発生しない。

度の積に比例することがわかります。この式から、ボールに回転を加えないとn＝0のままなので、揚力は発生しません。また、回転軸が進行方向を向いていても揚力は発生しません。トップスピンだと揚力は下向きに、バックスピンだと上向きに揚力が作用します。図を上から見たボールの回転とすると、ボールは左方向に曲がり、逆であれば右方向に曲がります。

式③からわかるように、**回転数を上げるように打つと揚力が大きくなり、より曲がりやすくなります**。単純にボールのスピードを上げただけなら、台の外に飛び去ってしまうため、**回転数を強めて揚力を上げることが得策**なのです。

1 スピンドライブボールと揚力

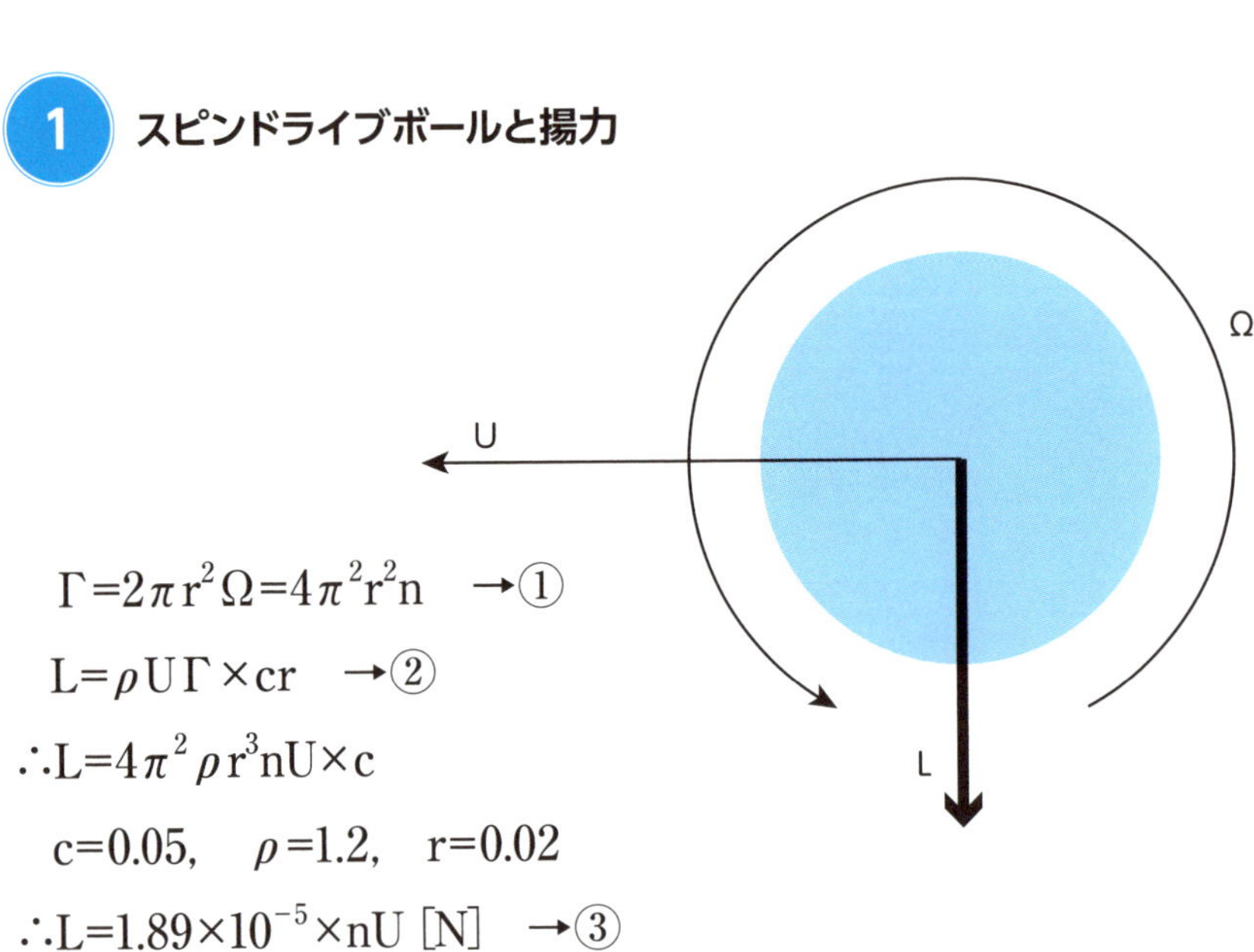

$$\Gamma = 2\pi r^2 \Omega = 4\pi^2 r^2 n \quad \rightarrow ①$$

$$L = \rho U \Gamma \times cr \quad \rightarrow ②$$

$$\therefore L = 4\pi^2 \rho r^3 n U \times c$$

$$c = 0.05, \quad \rho = 1.2, \quad r = 0.02$$

$$\therefore L = 1.89 \times 10^{-5} \times nU\ [N] \quad \rightarrow ③$$

2 ドライブボールの軌跡

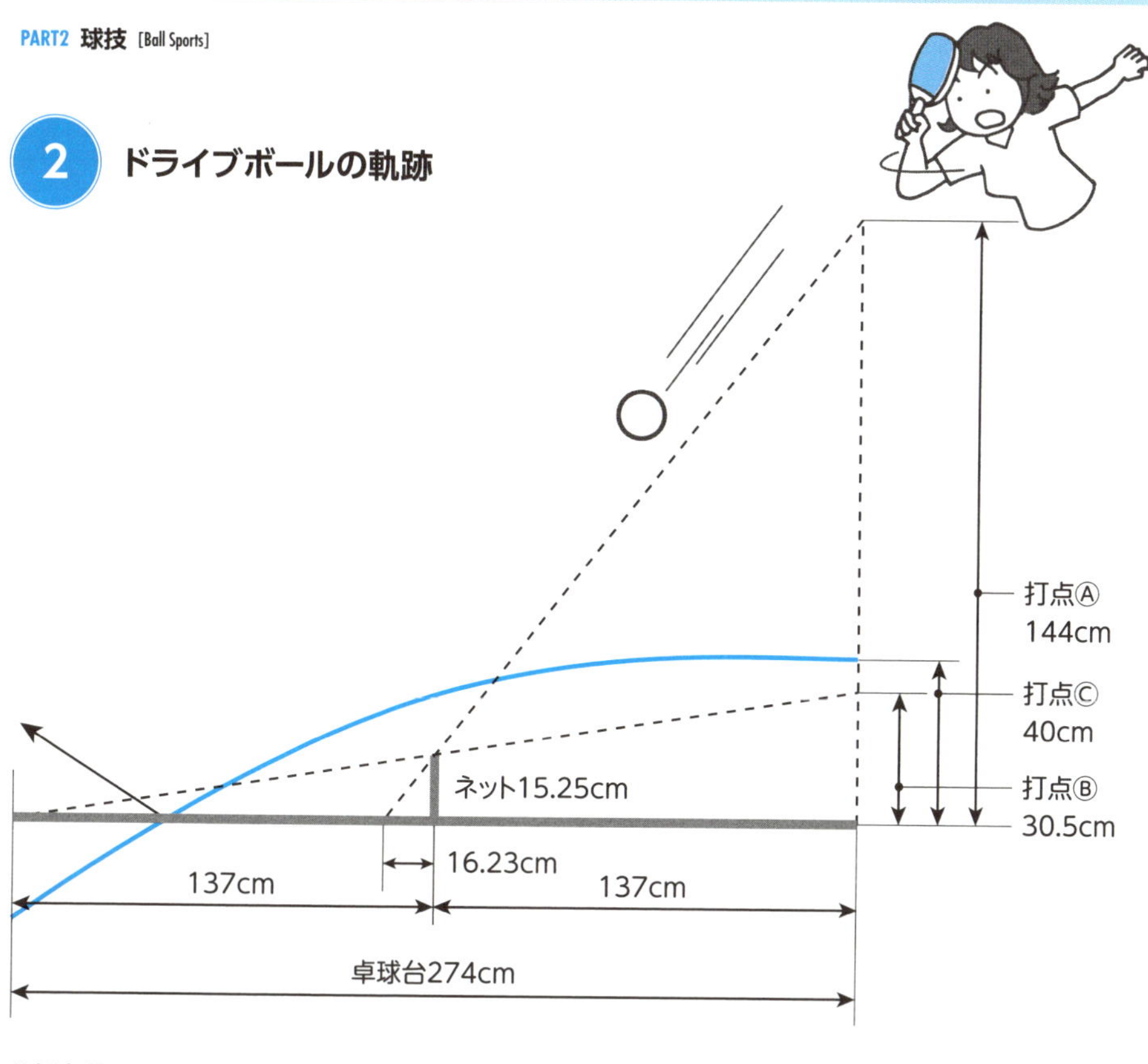

●打点Ⓐ

身長170cmの選手が台上144cmから直線的にボールを打つ

▼

相手台上のネットから16.23cmの場所にバウンド。

●打点Ⓑ

同選手が台上30.5cmから直線的にボールを打つ

▼

相手台上の端にバウンド。

●打点Ⓒ

同選手が台上40cmからトップスピンドライブでボールを打つ

▼

水平軌道から重力加速度の揚力による加速度が加わり、ボールは急激に下降。相手台上の端から3分の1近くに接触後、摩擦力が前向きにかかるため、跳ね返り角度は小さくなってボールは加速する。ボール回転は逆に遅くなる。

バドミントン

弾道予測の非常に難しいシャトルをどう打つか？

バドミントンのスマッシュ速度の平均は男子400km/h(=111m/s)、女子355km/h(=98.6m/s)。シングルスの場合、コートのエリアは長さ13・4m×幅5・18m。

さて、桃田賢斗選手がラケットの長さ680mmを振ってコートの隅から対角線上にある相手側の隅にスマッシュを打ったとしましょう。身長175cm、腕の長さ70cm、グリップからラケットのスウィートスポットまでが60cmとすると、打点は床から3・05mのところ。対角線の長さが14・37mで、シャトル（シャトルコック）が直線的に飛べば距離は、

$$\sqrt{14.37^2+3.05^2}=14.69\text{m}$$

です。ネット中央の高さは1・524mなので、ほぼネットの上すれすれに飛んでいく想定です。

この距離をスピードが落ちずに111m/sで飛べば、到達時間は0・132秒。人間の反応時間は0・2秒なので、相手の反応は遅れることになります。

しかし、シャトルは同じ速度を保ったまま直線的に飛びません。羽根軸の間隙によって空気抵抗が増すため、つまり、羽根軸が円柱となるために空気抵抗係数が大きくなるからです。

シャトルの寸法はバドミントン競技規定で決まっています（❶参照）。重さは**4.74~5.5gf**です。空気抵抗を受ける質量mの物体が空気抵抗$\vec{D}$を受け、無動力（エンジンなどがないため推進力がない）で飛ぶ物体の運動方程式は次のようになります。

$$(m+m')\frac{d\vec{u}}{dt}=\vec{W}-\vec{D} \quad \text{①}$$

m'は付加質量。非定常運動*する際、周りの空気を動かすために必要な力です。ある体積の空気の質量を付加するという意味で付加質量と言います。

定常運動するとき、これは0となります。ですが、普通物体の質量に比べると空気の質量は1/1000以下なので、厳密な計算以外は無視するため、この場合も無視。記号$\vec{}$はベクトルを表します。$\vec{D}$の前についているマイナス符号は運動を妨げる方向という意味です。平面内の運動であれば**x**、**y**の2方向の成分の運動方程式となり、次のように書けます。

$$m\frac{du}{dt}=-D_x$$

$$m\frac{dv}{dt}=-W-D_y \quad \text{→②}$$

Wは重さを表し、W=mgです。マイナス符号の意味は、鉛直上向きに正としているために、重力方向がマイナスのことです。$\vec{D}$のx、y方向成分をそれぞれ$\mathbf{D_x}$、$\mathbf{D_y}$で表しています。次の通りです。

$$D_x=C_{Dx}\frac{1}{2}\rho u^2A_x$$

$$D_y=C_{Dy}\frac{1}{2}\rho u^2A_y \quad \text{→③}$$

ρは空気密度、$\mathbf{A_x}$、$\mathbf{A_y}$は物体をxおよびy方向から見たときの投影面積、$\mathbf{C_{Dx}}$、$\mathbf{C_{Dy}}$はそれぞれx、y方向に見た物体形状に対する抵抗係数。球であればどの方向から見ても円形なので、x、y方向からの投影面積や抵抗係数もそれぞれ同じ。ですが、❷でわかるように、シャトルは飛び方によって異なる値となるので、弾道予測は非常に難しいのです。

❸は、シャトルの実際の飛び方と放物線との比較です。空気抵抗の影響がかなり強烈です。❹には、式①を用いた計算結果を実際の軌跡と比較したものを示しました。材料による違いもよく表現されています。

さて、シャトルは室温によって幾つかの段階に分けられていて、飛び番号（スピード番号）とし

＊ **非定常運動**：速度が時間的に一定であるものを定常運動と言う。これに対して、時間が経つと速度が時間に比例して速くなる自由落下運動のように、時間的に速度が変化する運動を非定常運動（定常ではない）と言う。

て表されています。夏用の1番：33℃以上、2番：27～33℃、春秋用の3番：22～28℃、4番：17～23℃、冬用の5番：12～18℃、6番：7～13℃などです。夏用は飛びにくく、冬用は飛びやすくなる形態です。およそ番号ごとの飛距離差が30cm、その理由は式③における空気密度が気温によって異なるためです。

　空気密度は気温が0℃のときに**ρ =1.251kg/m³**、20℃：1・166、40℃：1・091なので、気温が高いほど密度は小さくなる。シャトルは40℃に対して0℃で14・7%も密度が高くなります。したがって、式③から空気抵抗は、気温0℃では40℃に比べて大きくなるため、夏用に比べて飛ばないわけです。それを調整するために、夏は飛びにくくなるように抵抗を大きくし、逆に冬用は飛びやすくなるように空気抵抗を小さくなるように抑えているわけです。

1 ガチョウの羽と天然コルクのシャトル（シャトルコック）

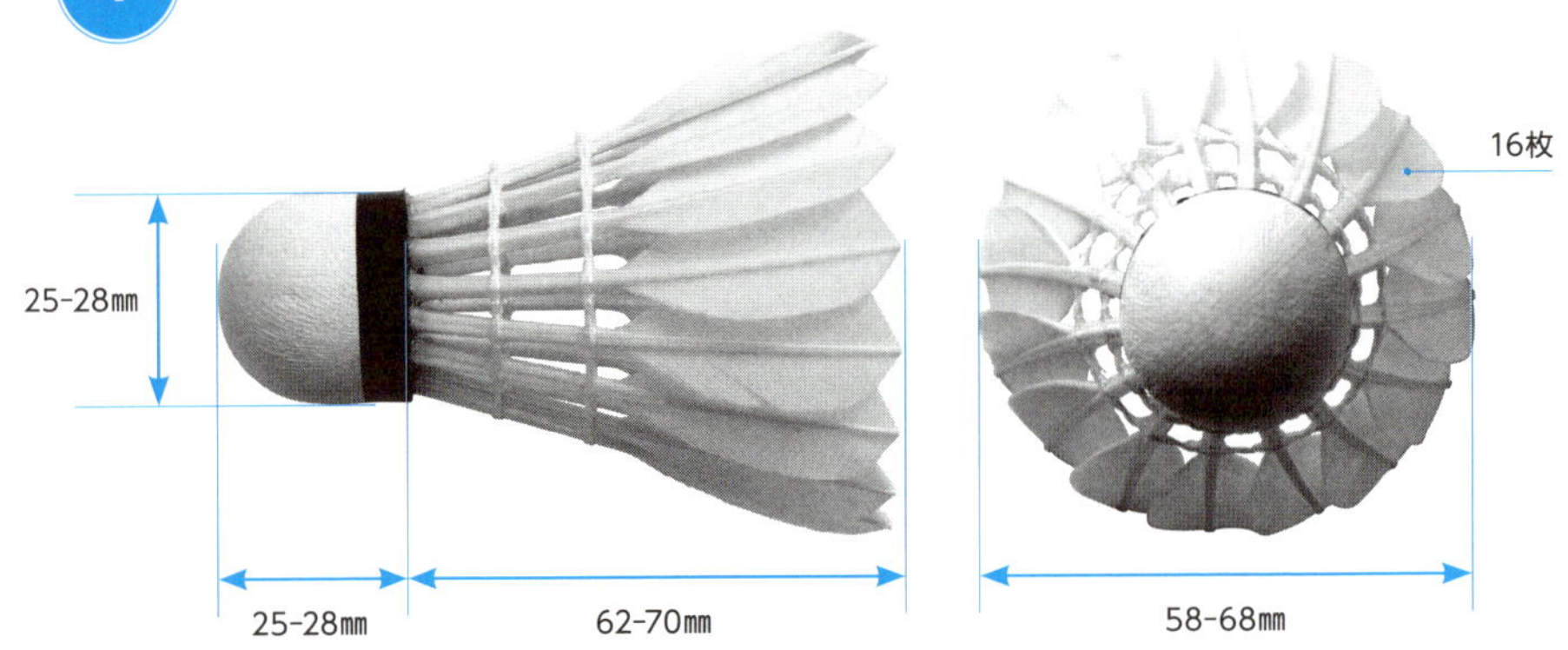

2 シャトルの飛翔の動きの一例

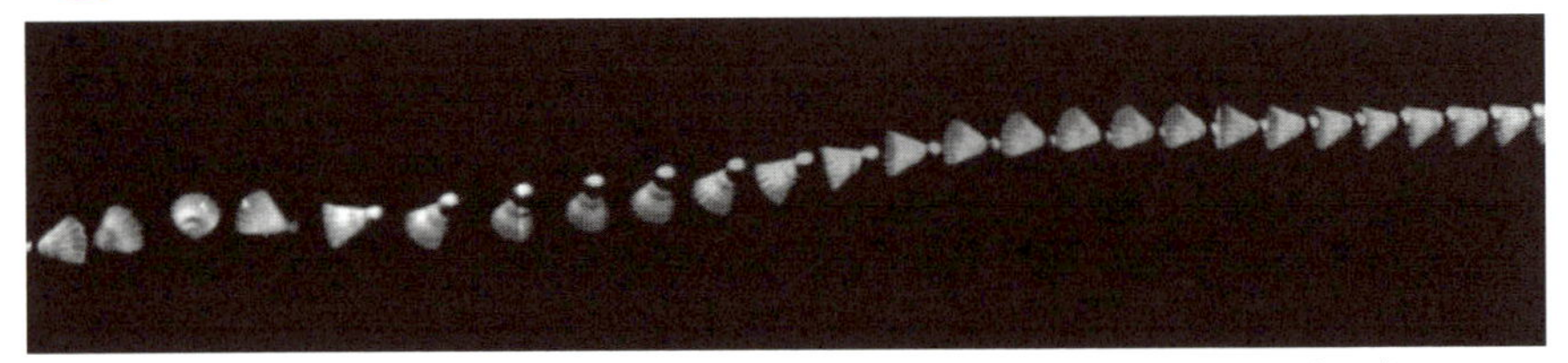

出典：B.D.Texier, et.al., Shuttlecock dynamics, Procedia Engineering,34(2012),pp.176-181

3 シャトルの軌跡と放物線との比較

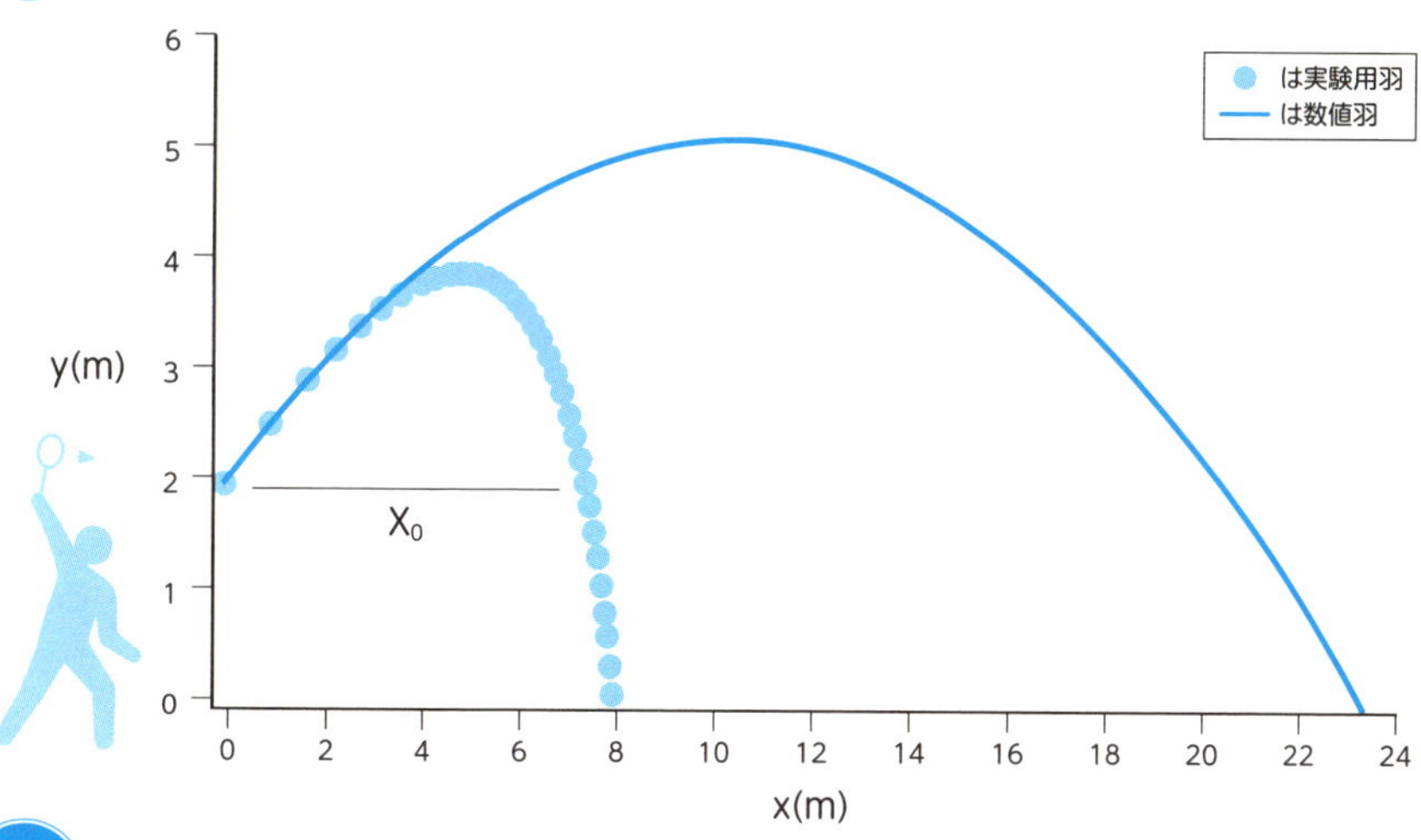

4 計算結果と実際の軌道との比較

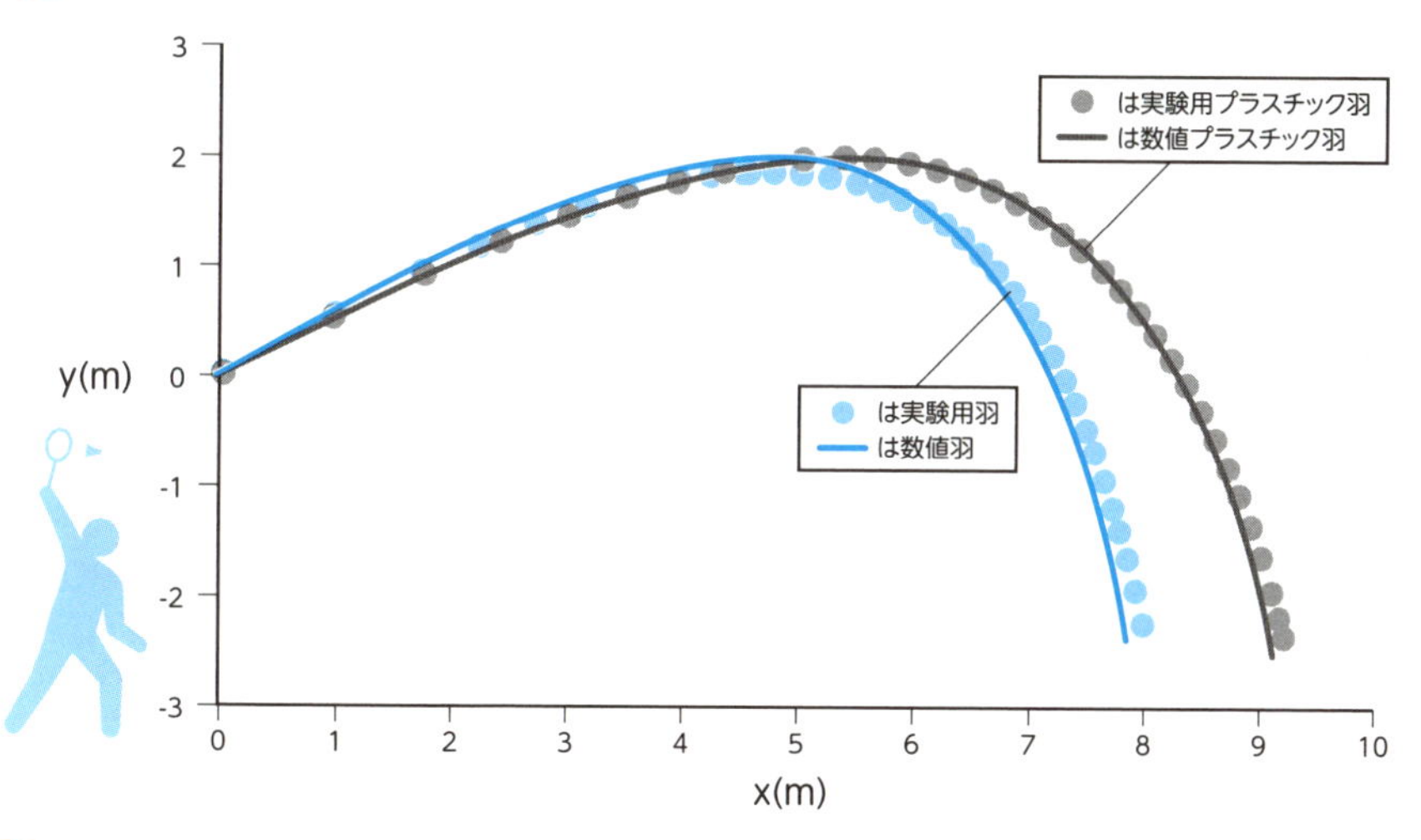

日本選手のスマッシュ速度

日本人男子選手では桃田賢斗選手のスマッシュが399km/h、女子では山口茜選手が352km/h、奥原希望選手が347km/hと計測されている。

ゴルフ

飛距離アップにはヘッドのスピードを上げるしかない？

ゴルフボールにドライバーヘッドのフェースが当たった瞬間に何が起こるのかを考えましょう。飛び出したボールはコントロール不能なので、あくまでもボールの行方（ゆくえ）を決める当てた瞬間についてです。

ドライバーヘッドの各部位の名称を❶aに示しました。構えたとき、正面から見てシャフトの軸とフェース面のなす角度をライ角、側面のものをロフト角、上から見たものがフェース角。図中に黒丸で示したのが重心。正面図でシャフトの軸から重心まで測った距離を重心距離、側面図の下面（ソール）先端から重心までの距離を重心深度、重心から垂線を下ろしてソール先端からフェース面に沿った距離が重心高さ。❶bのようにシャフトを水平に置いたとき、重心が真下に下がった状態でフェース面が垂直面となす角度を重心角といいます。

そこで、平均的な各部位の値として、重心距離40.0mm、重心高さ22.0mm、重心深度37.0mm、重心角22°、シャフトとフェースのライ角59°、ロフト角11°、フェース角0°、ヘッドの重さは200gとします。ボールは直径は43mm、重さ45g、反発係数0・8です。

次に、❷のように垂直線から測った角度がθ_L傾いたフェース面が速度Vで止まっている質量mのボールに衝突する状況を設定します。ボールとフェース面が接触する点はボールの中心から下に**$r\sin\theta_L$**だけ下がったところです。その時点での速度をフェース面に垂直な成分V_nと平行な成分V_tに分けると、

$V_n = V\cos\theta_L$

$V_t = V\sin\theta_L$　→①

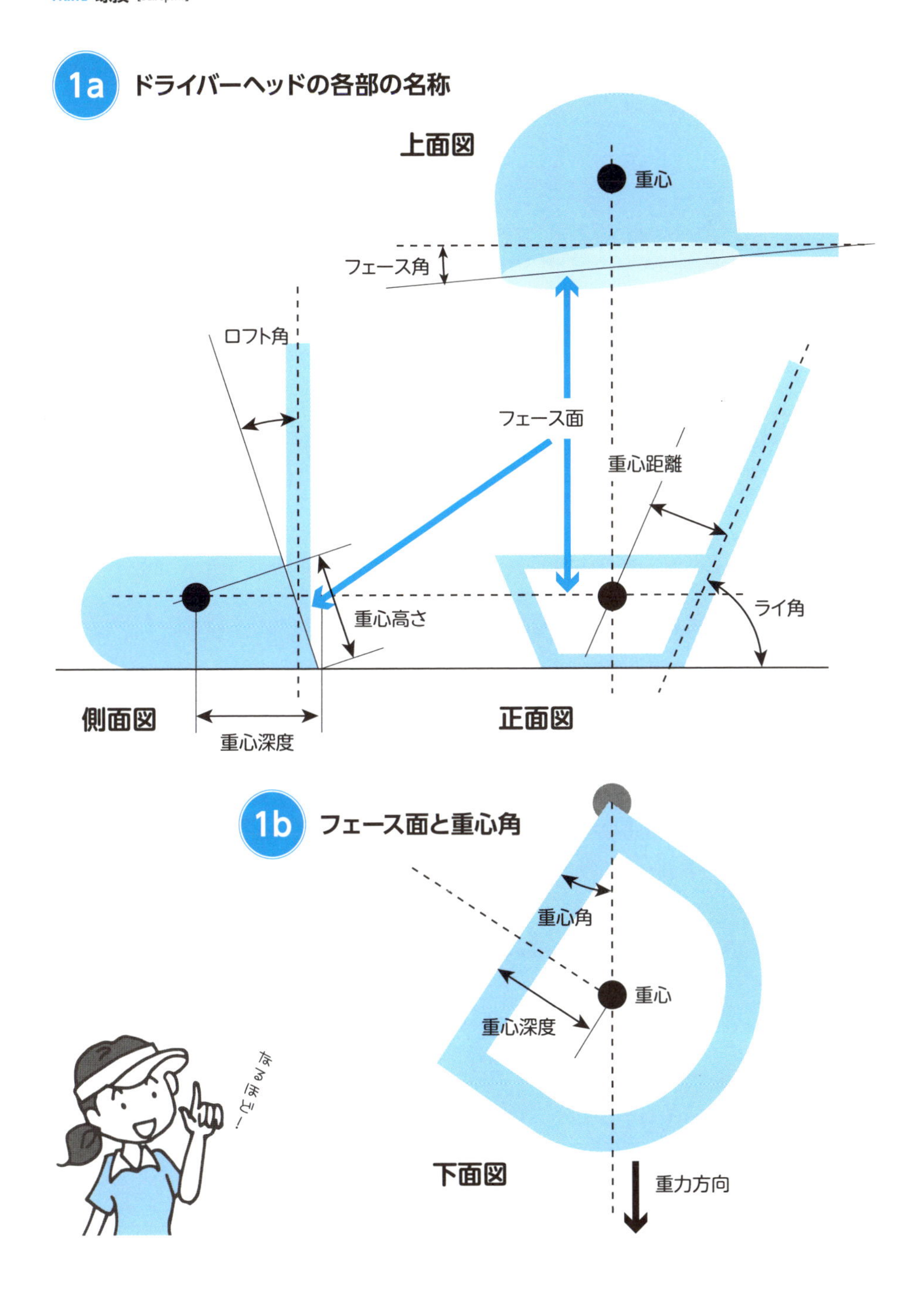
1a ドライバーヘッドの各部の名称
上面図
重心
フェース角
ロフト角
フェース面
重心距離
重心高さ
ライ角
側面図
重心深度
正面図
1b フェース面と重心角
重心角
重心
重心深度
下面図
重力方向
なるほど…!

で表せます。図からわかるように、V_nは必ずボールの中心を向いています。この成分によって、ボールに運動量変化を与えます。反発係数eのボールが打ち出された初速はV_nを用いると次のような式が求められます。

$$v_n = \frac{1}{1+\left(\frac{m}{M}\right)}(1+e)V_n \quad \to ②$$

ボールの質量m=45g、クラブヘッドの質量M=200g、反発係数e=0.8なら、$v_n=1.47V_n$です。

打撃の瞬間ボールはペチャンコに潰され、それが元に戻る反発力によって面に垂直方向に飛び出します。ボールは$v_r=v_n=57.6$m/sの速度でロフト角度方向に飛び出すものとします。なお、フェース面に水平な成分v_tの作用で生じる平行な力を考慮すると、飛び出し角度はロフト角度より小さくなります。しかし、フェース面に平行な力の成分によってボールにはバックスピンがかかります。

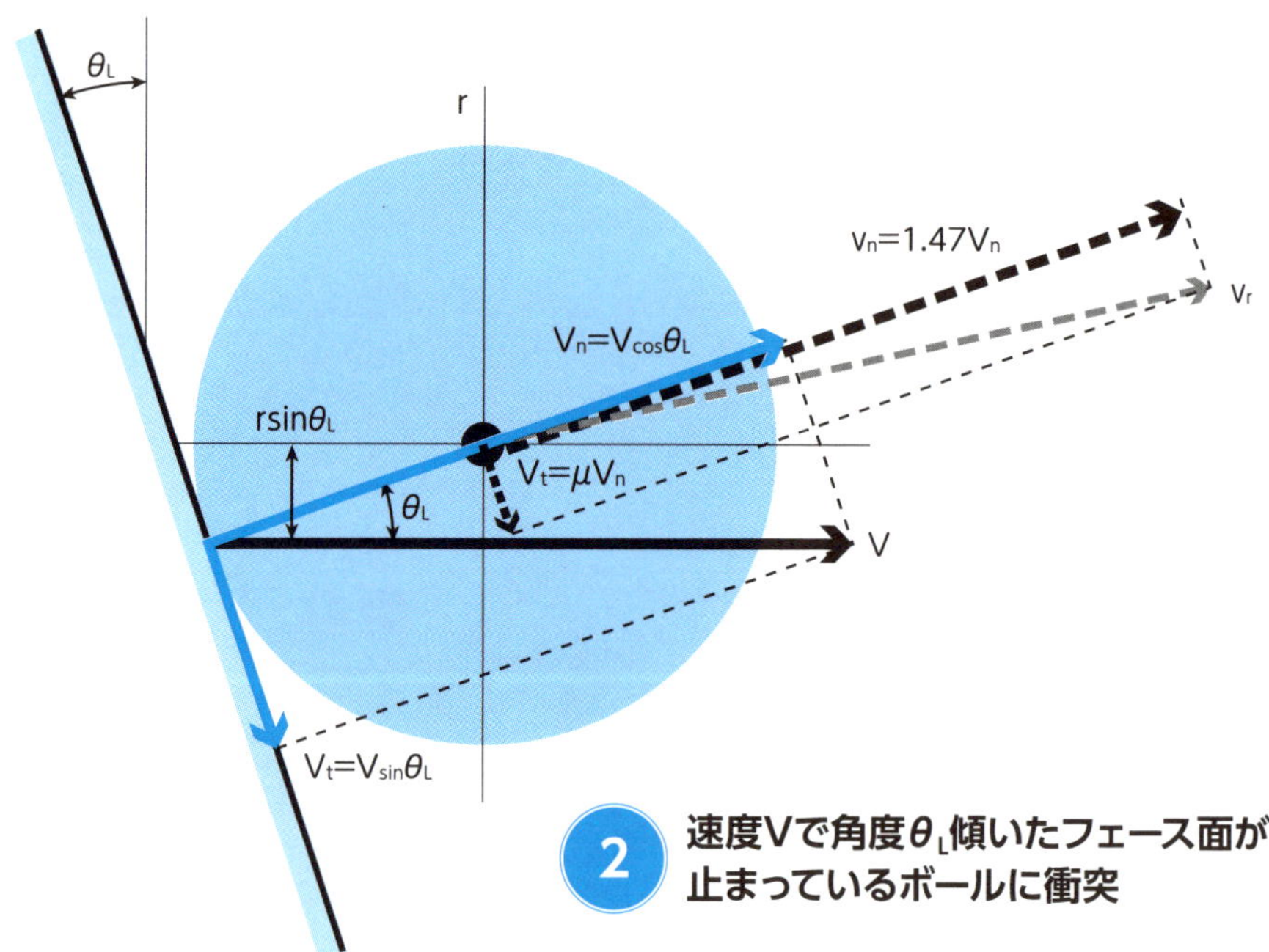

2 速度Vで角度θ_L傾いたフェース面が止まっているボールに衝突

このボールには、マグヌス効果で上向きの揚力が作用するため、打ち出されたボールの軌道は上に開いた2次曲線となって高く上がります。

では、ある角度で打ち出されたボールが普通の放物線を描くものとして飛距離を見積もってみましょう。

打ち出し角度はθ_L、打ち出し速度は$v_r=v_n=57.6$m/sですから、次の計算式が成り立ちます。

$$x_{max}=\frac{V_r^2}{g}\sin 2\theta_L$$

式から導き出される飛距離は、$x_{max}=57.6^2\times\sin(2\times11°)/9.8=126.8$m（138・7ヤード）となります。

クラブの反発係数を高めてe＝1とすれば、式②から$v_n=1.63V_n=1.63\times39.2=64$m/sが導かれます。この$v_r=64$m/sを使って$x_{max}$を求めると、156・6m（171・2ヤード）の飛距離が生まれるわけです。

クラブヘッドの重量200gを250gにするとv_nは4％のアップですが、反発係数を1にするだけで約11％伸びるのです。ただし、残念ながらゴルフのルール上、反発係数はe＝0・83を超えるドライバーは違反なので、ここでは反発係数の高いクラブを使うことで飛距離を伸ばせるという物理的見方を示しました。

結局、**飛距離を伸ばす直接的方法はヘッドスピードを上げることに行き着く**のかもしれません。ヘッドスピードを10％上げて、V=44m/sにすると、**x_{max}=154.1m**（＝168・6ヤード）が導き出されて、飛距離は33％も伸びることになります。最終的には体の鍛錬が必要という結論が出るようです。

スイミング

形状・摩擦・造波の流動抵抗を減らす工夫とは？

100m50秒の記録の選手が100分の1秒縮める泳法を考えます。ペースはu=100/50=2m/s。0・01秒タイムを縮めるには100mを49・99秒で泳がなければならないので、**100m/49.99s=2.0004m/s**のスピードが必要。つまり、1秒間に**2・0004m**進むことになるので、小数点以下**0.0004m＝0.4mm**だけ長く進めば達成できるわけです。ところが、選手たちにとってはこのたった0.4mmが大きな壁なのです。

ここで、❶に示すように一定速度で泳ぐとき選手にかかる力のバランスを考えてみます。

前に進む力（T＝推力）と後ろへ押し戻す力（D＝抵抗）が釣り合っているときに等速運動*となります。垂直方向では、体重（W＝重力）と浮かす力（B＝浮力）が釣り合っているので、一定位置（深さ）を保ち**ます。したがって、

$(-T)+D=0 \quad \therefore T=D$，$(-W)+B=0 \quad \therefore W=B$

と書けます。ちなみに、**T>Dなら前方へ加速し、逆にT<Dなら減速**します。また、**W>Bなら沈む方向に加速**し、**W<Bなら沈む速度の減速、もしくは上方に向かって加速**することになります。

水面近くを泳ぐときに作用する流動抵抗には以下のものがあります。

形状抵抗（圧力抵抗）：$D_P=C_D\times\left(\frac{1}{2}\right)\rho u^2\times A$

摩擦抵抗：$D_f=C_f\times\left(\frac{1}{2}\right)\rho u^2\times S$

造波抵抗：$D_W=\rho gh\times A=C_W\times\left(\frac{1}{2}\right)\rho u^2\times S$

C_D、C_f、C_Wはそれぞれ形状抵抗係数、摩擦抵抗係数、造波抵抗係数で、実験的に求められます。**ρは水の密度、uは速度、Aは頭頂部から体軸方向を見たときの投影面積。造波抵抗の式中の**

＊ **等速運動**：速度が時間的に変化しない運動。このとき物体に作用する運動方向の力の成分は釣り合っているか、もしくは力が働いていないことを意味する。なぜなら、力というものは作用すると速度を変化させるものだから。逆に、速度が変化しないということは力が作用していないということになる。

hは波の高さ。これらが全抵抗に占める割合を見るために、C_Dを1・0、C_fを0・004とし、造波抵抗係数C_wを0・03とします。これらの数値とu=2m/sをそれぞれに代入すると、**形状抵抗(圧力抵抗):D_p=120N**、**摩擦抵抗:D_f=11N**、**造波抵抗:D_w=81N**が求められるため、**全抵抗はD=120+11+81=212N**となります。全抵抗212Nの内訳は、形状抵抗57%、摩擦抵抗5%、造波抵抗38%で、形から受ける形状抵抗と波立てることが起因となる造波抵抗が大きいことがわかります。

一定速度で進んでいるときにはT=Dとなるので、T=212Nです。これに速度を掛けると推進のための仕事率となり、この選手は**212N×2m/s=424W=0.58PS**のパワーで推進していることになります。100mを泳いで消費するエネルギーは**424W×50s=21200J**、カロリー換算では**21200J÷4.2=5048cal**となります。キャラメル一粒のエネルギーは**17kcal**ですから、一粒口にすれば全力で337m泳げるわけです。

1 水泳時に作用する力のバランス

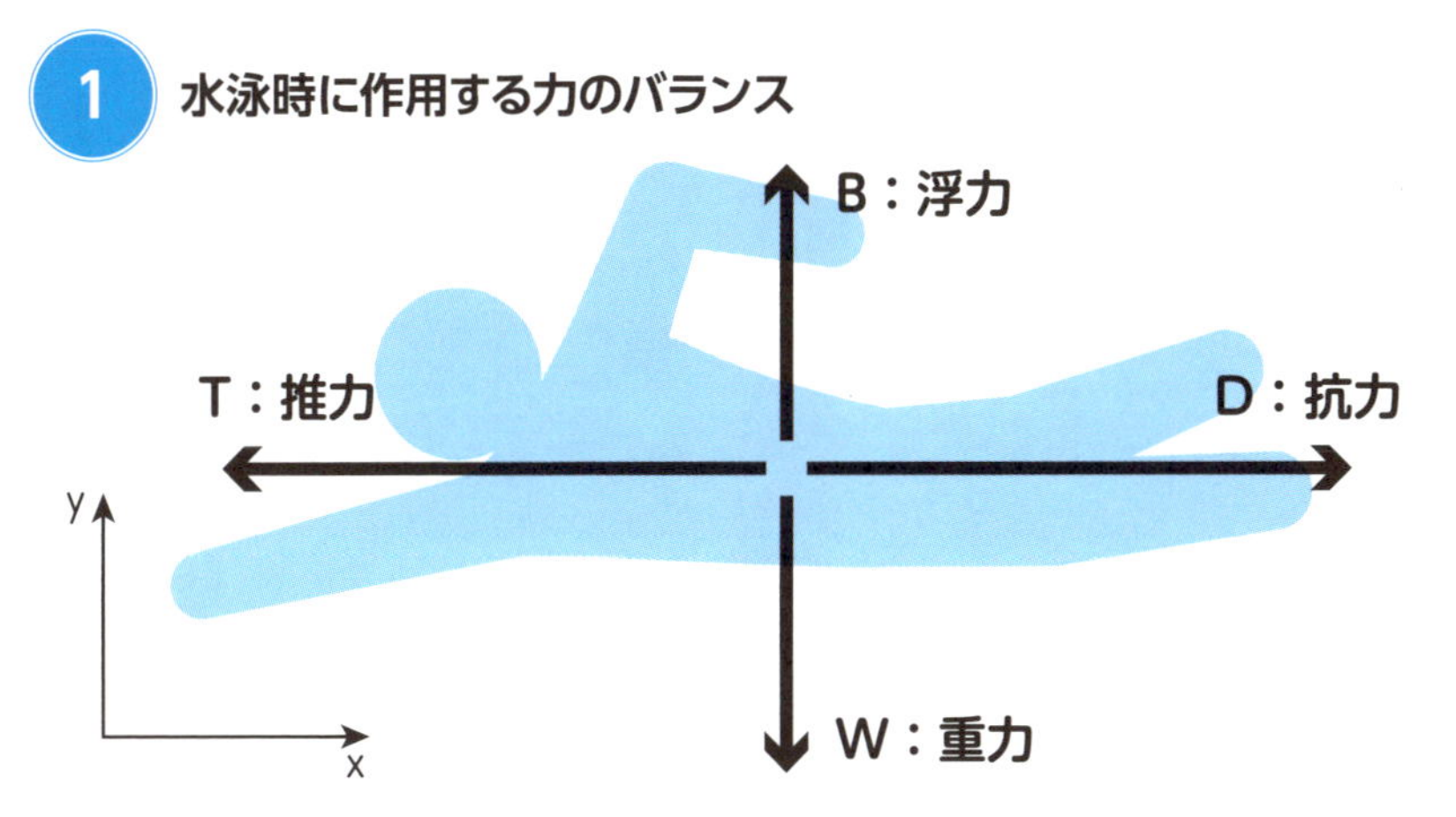

抵抗を下げることで推進力が下げられ、消費エネルギーも抑制できる。これらの抵抗の中で大きな割合を占める形状抵抗を減らすために、抵抗係数を減らす形状とそれに関わる水流の関係を調べ、効果的な水着などスイミングギアの開発が重要となる。例えば、流線形なら抵抗係数は1から0.02程度となり、120Nの形状抵抗が1/50の2.4Nまで下がる。全体では212Nから94.4Nとなり、55.5%の抵抗低減が生まれる。イルカやジュゴンのような体つきを可能とする水着が最も効果を発揮する。

水面上に飛び出た脚を支えるスカーリングの動きとは？

シンクロナイズドスイミングからアーティスティックスイミングと名称を変更した同種目のルーティンには、**規定要素（エレメンツ）と呼ばれる技を演技に取り入れるテクニカルルーティン（TR）**と、**自由に演技をするフリールーティン（FR）**があります。TRでは演技の完成度や芸術性が評価され、FRはそれらに加えて難易度も評価されます。

例えば、**水面上に出した脚による演技を可能にしているのは、水中での姿勢の安定と水面上の脚部分の重さを支える上向きの力**です。体重を55kgfとすると、両脚の重さは体重の30%ほどなので16.5kgfあります。これを**水中で支える上向きの力を手の平のスカーリングという運動で発生**させます。

スカーリングは手の平で8の字を描くように動かします。自分の手の平を飛行機の翼のように迎角を大きめに取って動かすと、揚力が生み出されます。翼の揚力は翼周りの循環渦の強さに比例します。この循環渦の一部は指先から出る翼端渦となり、その端は水面に密着しているため、水面に渦巻きが見えます。**循環Γと単位長さあたりの揚力Lの関係は、クッタ・ジュコブスキーの定理から、$L=\rho U\Gamma$[N/m]**と表されます。

ρは水の密度で1000kg/m^{3}とします。Uは手の平を動かす速度。Γは「$\Gamma=2\pi rv$」。rは手の平の幅の半分の値、vは手の平を動かす速度Uと同じとします。手の平の長手方向の長さはh。そこで、手の平で発生させられる揚力は、次の式で求められます。

$$L=2\pi\rho rhU^2=2\pi\rho AU^2$$

次いで、rhを手の平の面積Aで置き換えると、**揚力は手の平の面積と動かす速度の2乗に比例する**ことがわかります。

では、16.5kgfの脚の重さを支えるために、片方の手の平をどのくらいの速度で動かさねばならないか、この式を使って計算してみます。

手の平の面積を$0.1 \times 0.2 = 0.02\mathrm{m}^2$とすると、

$$L = 8.25 \times 9.8 = 2\pi\rho A U^2$$

となるので、手の平を動かす速度は$U = 0.8\mathrm{m/s}$。1秒で80cm動かさなければならないというわけです。

1 脚を水面上に出して支えるのに必要な力

16.5kgf

8.25kgf

8.25kgf

2 手の平のスカーリングで上向きの力を出す

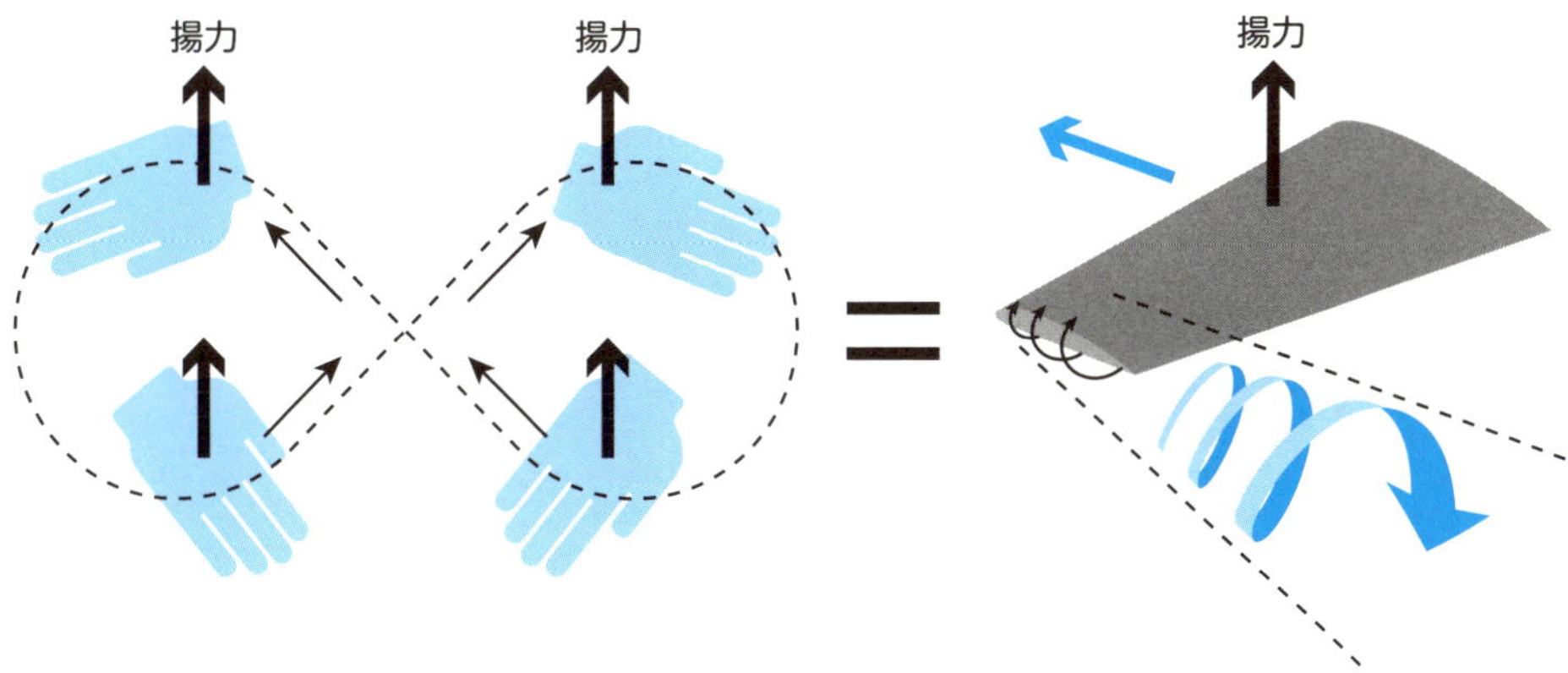

飛び込み

ノースプラッシュ飛び込みを可能にするフォームは？

飛び込み競技には、高さ1mや3mの飛び込み板を用いる飛び板飛び込みと、高さ5m、7.5m、10mのコンクリート製の飛び込み台を使う高飛び込みがあります。**水しぶき（スプラッシュ）のごく少ない入水がノースプラッシュ、また、まったく水しぶきの上がらない飛び込みがリップ・クリーン・エントリー**で、最も優れた入水方法と評価されます。ここでは、ノースプラッシュ入水方法を考えてみます。

水面にモノを投げると、スプラッシュが立って波紋が広がります。水面に突入するときの状況でスプラッシュの形や水しぶきの高さが異なりますが、❶に見るように同じ形でも材質によって異なることがわかります。では、スプラッシュが上がっていく加速度が一定となる先頭形状を求めてみましょう。

❷を参考にします。バケツの水に回転体が速度Uで落ちたとき、水がスプラッシュとして上がっていく状態を物理モデルとします。先頭からxの位置における断面を通過する周りの流体の速度を求め、その加速度を計算します。**流体が通過する断面積A（x）は、バケツの半径Rの円の面積から物体の半径rの円の面積を引いた円環状の面積です。rは先端からの距離xの関数f（x）で物体の形状**のこと。xは時間の関数としてx=Utで表され、流体の速度u（x）は流量一定**（Q=U×A(0)=πR²U）**の条件から、式②となります。

押しのけられた流体の加速度、式②を時間で微分して式③とし、その式③を式④のように書き換えてf（0）=0の条件で解くと、f（x）は式⑤のように表されます。x→∞なので、f（x）がRに漸近する曲線となります。R=1、U²/

a=0.1、1、10に対してプロットしたものが❸です。

流体の加速aが0の場合はf（x）＝0となり、物体は大きさをもたない直線形状となります。しかし、実際には物体には大きさがあるため、物体が流体を押しのけ、流体に加速運動を促します。その加速度、つまり流体に与える力（反力＝抵抗として物体に作用）を小さくすると、❸U^2/a=10の曲線が示すように、細い形状となります。こうした物理的特性から飛び込みでは手の平を水面に向けず、❸の形に近づけるため手の甲を水面に向ける形が求められるのです。

1 同形状でのスプラッシュの違い

寒天球

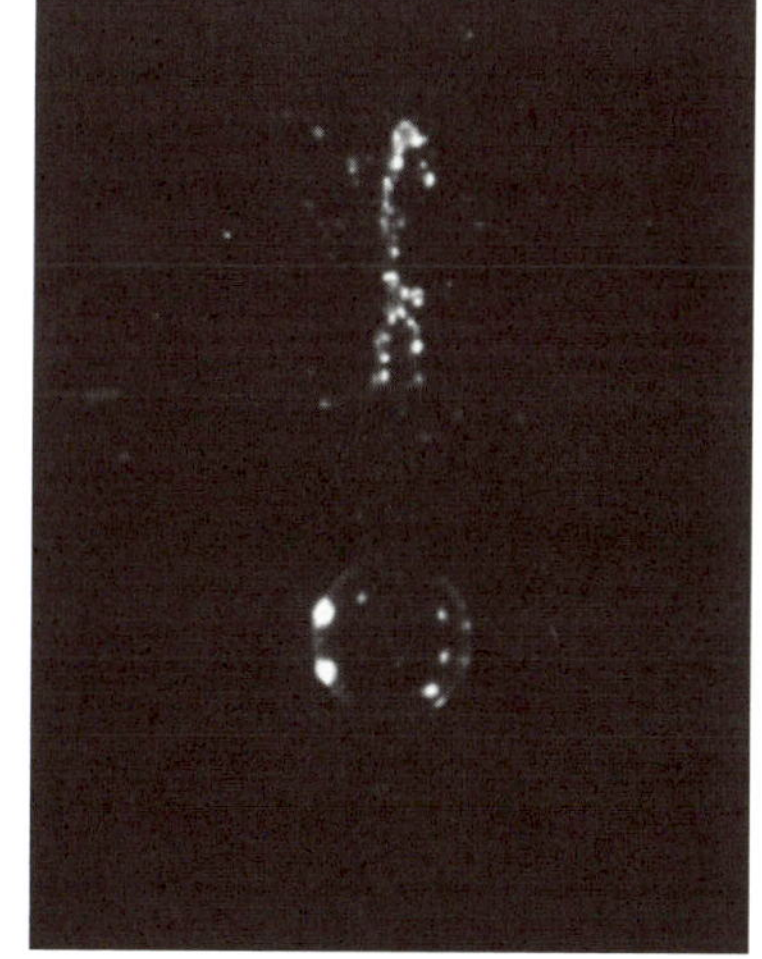

アクリル樹脂玉

モノが水面に入るとき、モノで押しのけられた水が上に飛び散る現象がスプラッシュ。

※写真は著者撮影

2 突入物体のモデル

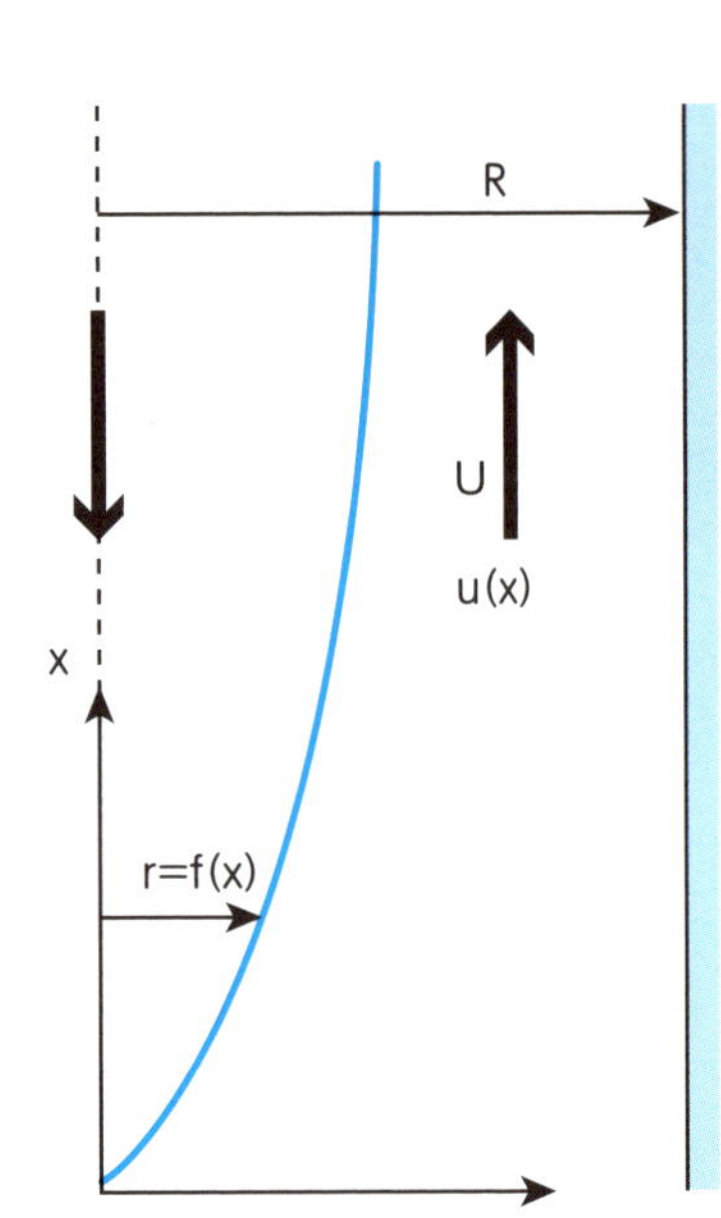

$$A(x)=\pi(R^2-r^2)=\pi(R^2-f(x)^2) \rightarrow ①$$

$$u(x)=\frac{Q}{A(x)}=\frac{\pi R^2U}{A(x)}=\frac{R^2U}{R^2-f(x)^2} \rightarrow ②$$

$$\frac{du(x)}{dt}=\frac{du}{df}\frac{df}{dx}\frac{dx}{dt}=\frac{2R^2U^2}{(R^2-f^2)^2}\times f\times f^1 \rightarrow ③$$

$$2R^2U^2\times f\times f'=a(R^2-f^2)^2 \rightarrow ④$$

$$f(x)=\sqrt{\frac{R^2}{\frac{U^2}{a}\left(\frac{1}{x}\right)+1}} \rightarrow ⑤$$

3 式⑤において、R=1、U²/a=0.1、1、10としたときのf (x) の形

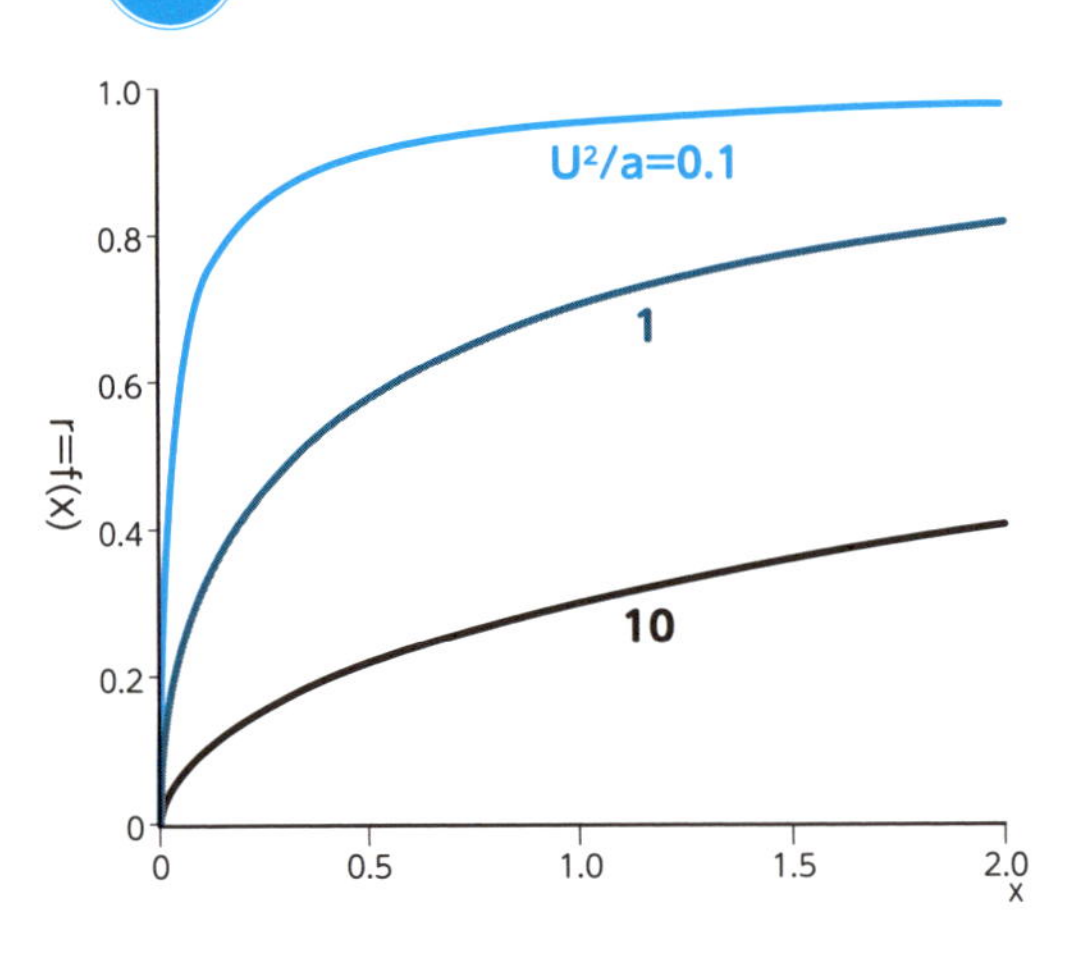

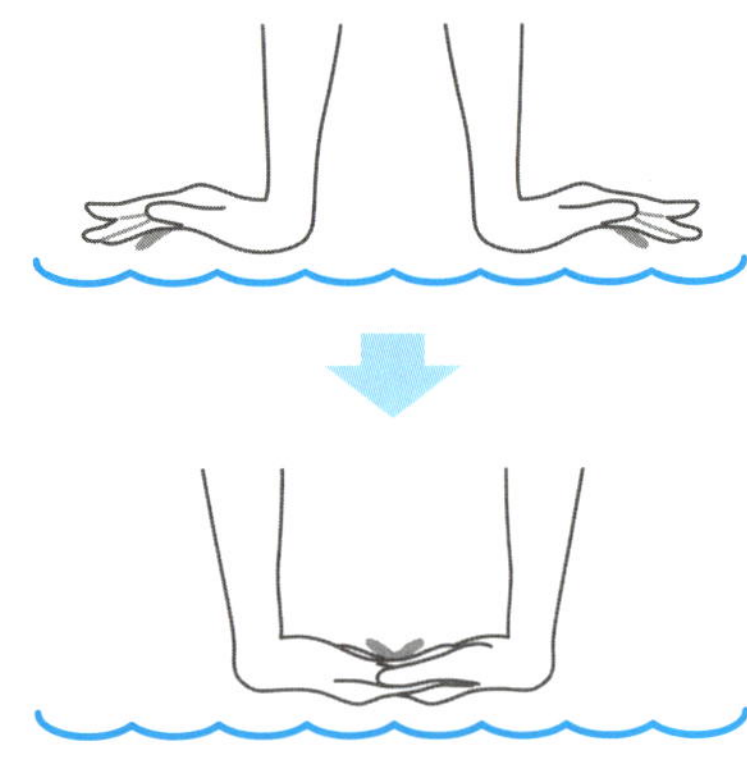

入水時、手の平ではなく、
手の甲を水面に向けるようにする

サーフィン

波の斜面に貼り付いて見えるサーファーの秘密は？

波は海岸に近づき海底が浅くなってくると、波頭が高くなってきます。海底の勾配によって波が成長していきますが、勾配が緩(ゆる)いと波頭が泡立って白くなります。そこから**海岸までの波が磯波（サーフと言う）で、サーフィンに適している**わけです。

海底の勾配が急であれば波の成長も速く、そのうえ波頭が波の底辺よりスピーディに進めため、底辺部分より波頭が先に出ていくことになります。この波は孤立波（ソリタリー波）となって、次の式で示す波速c_sで進みます。

$$c_s=\sqrt{g(H+h)} \quad \rightarrow ①$$

こうした**波の高さHが、水深hに比べてかなり高い状態を物理的に「有限振幅の波」**と言います。

ちなみに**沖合で見られる波は、水深の深い（hがHに比べて大きい）場所での波なので「深水波」**です。深水波が伝わる速度（波速）C_dは波長Lが長いほど、または波の周期Tが長いほど速くなります。式を次のように表せます。

$$C_d=\sqrt{\frac{gL}{2\pi}}=\frac{gT}{2\pi} \quad \rightarrow ②$$

この波は海岸に近づくと、水深hが浅くなるにつれて波高Hを無視できなくなり、有限振幅の波となります。波頭は尖(とが)るように変化し、波間の谷が浅くなっていきます。谷間の流れは海底との摩擦で速度が遅くなり、❶のように尖った波頭は先に進んで崩れ、泡立ちます。それが、波頭が白く見える理由です。

このときの波速は式②のC_dと同じです。しかし、波が高くなるために進行方向の波長Lが短くなり、そのため周期Tも短くなります。

では、波のどこに乗れば良いか考えてみます（❷）。波の斜面にいるサーファーは、波に押されて波速と同じスピードで進むものとします。波と同じ速度で進む**サーファーは、波の斜面に止まっているように見えます。サーファーに作用する力がバランスしているからで、波面が水平となす角度が0°（水平）〜35°の範囲に乗ると起きる現象**です（❶）。斜面を下りようとする力と、**波に押し戻される力がバランスするのがこの範囲で、波の底部から波の高さHまでの約3分の1高さまでで生じます。**

この部分に乗るためには、岸に向かう波速に追い越されないようにサーフボードを手で漕いで加速しなければなりません。波が来てからでは遅いのです。波にしてみると、遅いサーファーは単に漂っているモノと同じですから、波はスルッと通り過ぎてしまいます。ちなみに、**水深h＝2m、波の高さH＝1・4m（サーファー用語で波のサイズは胸くらい）とすると、式①により波速はc_s=5.8m/s**です。時速20km/hの自転車並の速度だということを知っておいたほうがいいでしょう。

1　孤立波（ソリタリー波）と砕波

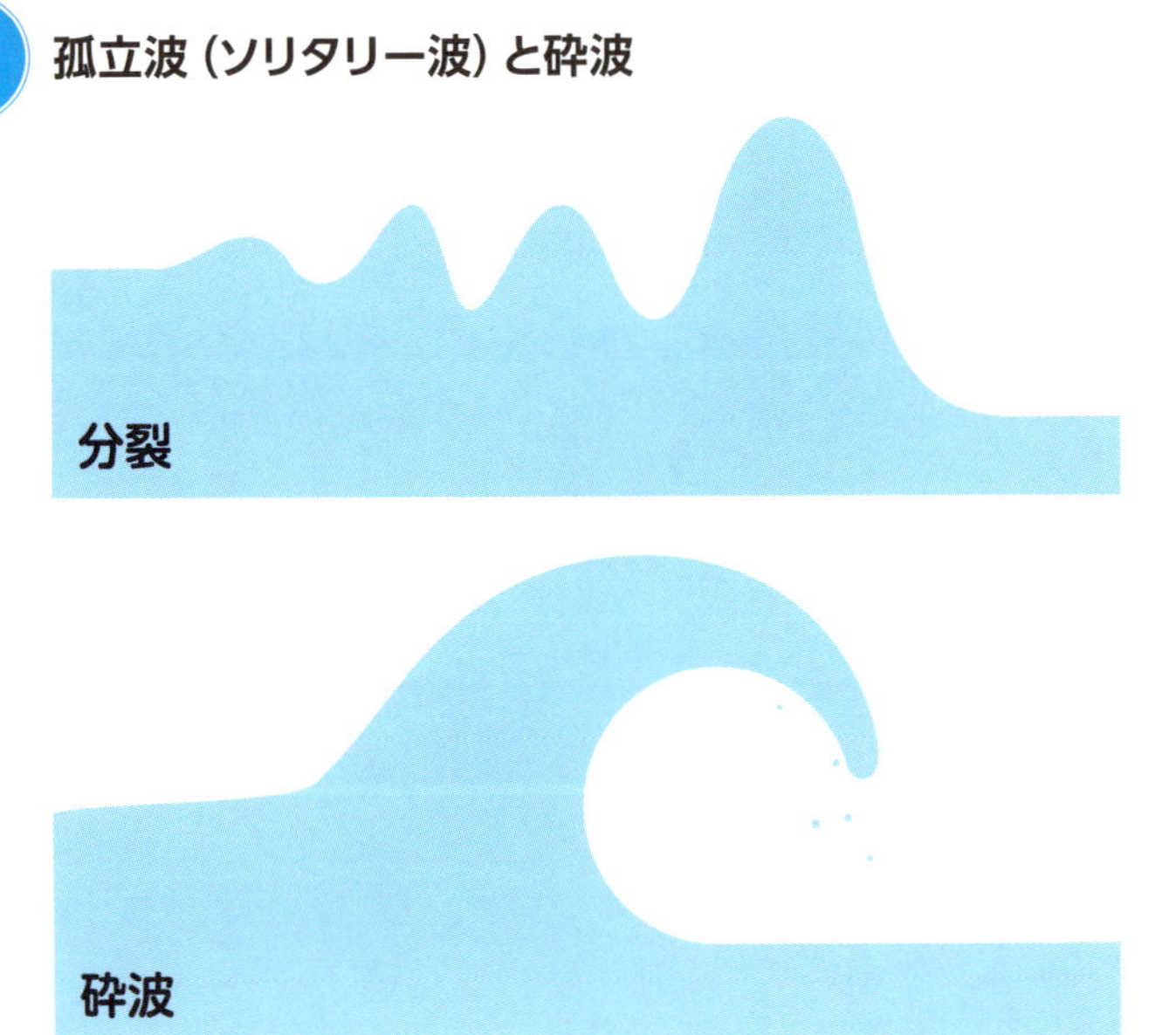

(1) T. Sugimoto, How to ride a wave: Mechanics of surfing, SIAM Rev., vol.40,No.2, pp.341-343,1998.

2 サーファーが乗るべき波の位置

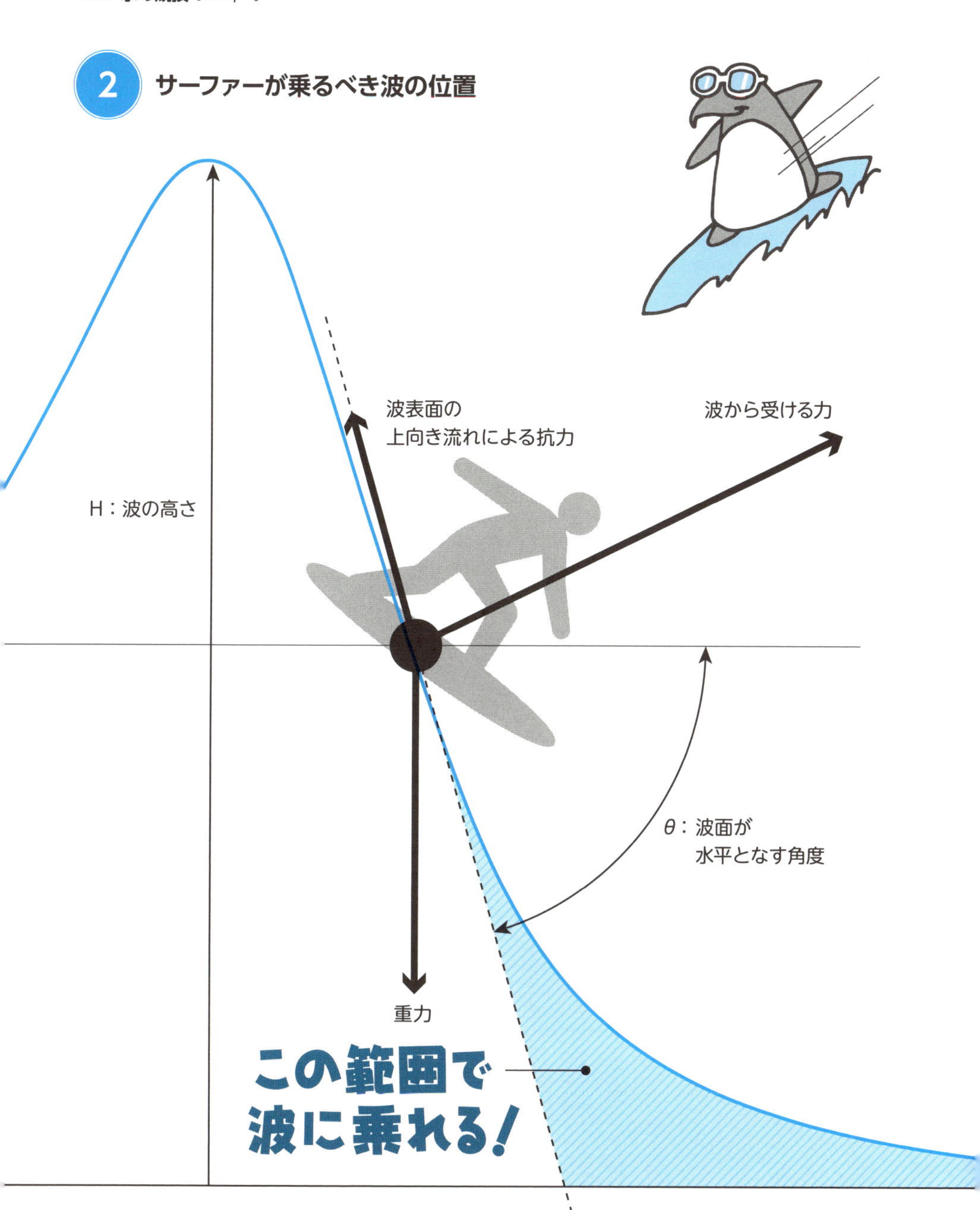

水中での安全を守るエアタンクとレギュレータとは？

20気圧の空気を詰めたエアタンクを背負い、レギュレータを口にくわえて海に潜った経験のある人であればわかりますが、水中で普通に息ができる体験と、無重力の世界に漂う（NASAでは宇宙飛行士を屋内プールに潜らせ、無重力状態下での作業訓練をおこなう）ような不思議な感覚を得ることができます。

水中では水深10ｍごとに1気圧の割合で水圧が上昇していきます。100ｍ潜水すると11気圧が体を圧迫します。日本の大深度有人潜水調査船「しんかい6500」は名称の通り、6500ｍを超える深海で潜水調査をしていますが、潜水艇への水圧は651気圧。地上のモノなど簡単に押し潰す圧力です。

水圧というのは1m^2の面積にその深さまでの水の重さが乗っかっていることです。**深さh、水密度ρ＝1020kg/m^3とすると、水圧Pは、次の式で表されます。**

$p = \rho g h \fallingdotseq 10000h$ [N/m^2=Pa]

単位のPaはパスカルと読みます。

仮に、h＝10ｍであれば、p＝100kPa。大気圧（1気圧）の101.3kPaとほぼ同じ数値です。

海水面には大気圧がもともとかかっているので、**10ｍの水深の位置では1＋1＝2気圧の加重がある**ことになります。そこで、空気中で1気圧の空気を吸って、そのまま**10ｍの素潜りをすると、肺の中は1気圧で体表面は2気圧ですから、その差の1気圧（これは水圧）で肺は押し潰されそうになります。**肺は肋骨（ろっこつ）とその周りの筋肉で支えられています。しかし、さらに深く潜ると支えきれなくなる危険性があるため、加圧されたエアタンクを使うのです。ところが、20気圧のエアタンクを直接吸い込むと、肺の中が20気圧になるため破裂してしまいます。水圧に応じて気圧の調整ができるレギュレータを口にくわえるのはそのためなのです。10m潜ると大気圧との差分である1気圧を肺に注入してくれるため、周りの水圧と釣り合って、肺が潰れたり、破裂したりしないわけです。

浮力というのは、その水深における体の上下のわずかな水圧差によって生じます。例えば、腹部を下にして泳ぐと、腹部側は背中側より体の厚さ分だけの水深差があるため、腹部側には背中側より高い水圧がかかります。その腹部側の水圧が上向きの力になるのです。

結局、**体が排除した水の体積分の重さが浮力**となります。それ以外にエアタンクを背負って空気を肺に吸い込むために若干体積が増えます。つまり、空気を吸うと浮き上がってしまうわけです。それを防いで中立状態にするため、体に錘を巻いたり、パワー・インフレータホースの排気ボタンを押し、浮力調整装置（BCD）のエアを抜くなどして調整します。スキューバで海中を楽しむのは、実はこうした物理的な準備によって成り立っているのです。

1 水圧に対処するエアタンクとレギュレータ

- 水深10mごとに1気圧の割合で水圧が上昇
- 水圧とは1㎡の面積にその深さまでの水の重さがのしかかる状態
- 10mの水深では1+1=2気圧の加重がかかる
- 水中で水圧に肺が押しつぶされないために加圧されたエアタンクを使用
- 加圧されたエアタンクの空気をレギュレータが水圧に応じて調整するためダイバーの安全が保たれる

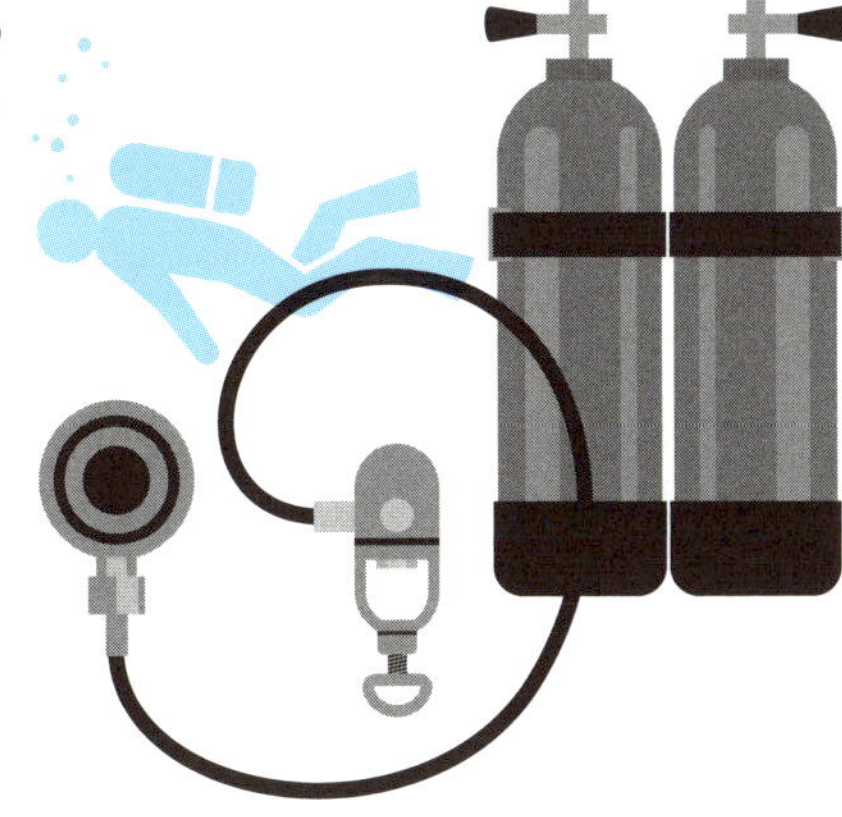

セーリング
ヨット

スピードは風へのセールコントロールが決める？

2020年東京オリンピックでのセーリングヨット会場は江ノ島ヨットハーバーです。セーリングは風の力を帆（ほ）で得て船艇を走らせ、決められたコースをどれだけ速くゴールするかを競う競技です。自然の風への迅速な対応が求められるため、風向きに対してセール（帆）をいかにコントロールし、推進力を得るかが重要です。スタートは風下に設定されるので、スタートで風上に向かって進み、決められた地点を回って、風下に戻ることになります。

ヨットの種類が競技の種目名になりますが、主に艇の全長がその名前に置き換えられています。例えば、全長が4・7mの艇は470（ヨンナナマル）級、4・99mの艇は49er（フォーティナイナー）級、2・86mのウィンドサーフィンボードを用いたものがRS：X（アール・エス・エックス）級と呼ばれ、ほかに全長4・23mのレーザー級、全長4・51mのフィン級、双胴艇（カタマラン）のナクラ17級などの競技もあります。

主に2人乗りで、帆と舵（かじ）を操るスキッパーと、前の小さな帆、ジブセールとスピンネーカーという3つの帆の操作と自分の体を使って船のバランスを取る役割のクルーが共同して、艇を走らせます。

風を受けて膨らんだ**セールは、断面形状がキャンバー（曲線）のついた翼型によって揚力を発生させるため、飛行機の翼と同じ機能を持ちます。**真後ろからの風に対しては帆を直角に保ちますが、このときだけは湾曲した薄板の抗力を推進力とします。それ以外は、翼と同じように風へ、ある迎角をつけることで最大揚力を得るように設定します。以上、**揚力の風上方向成分を推進力とし**

1 ヨット（ディンギー）の構造

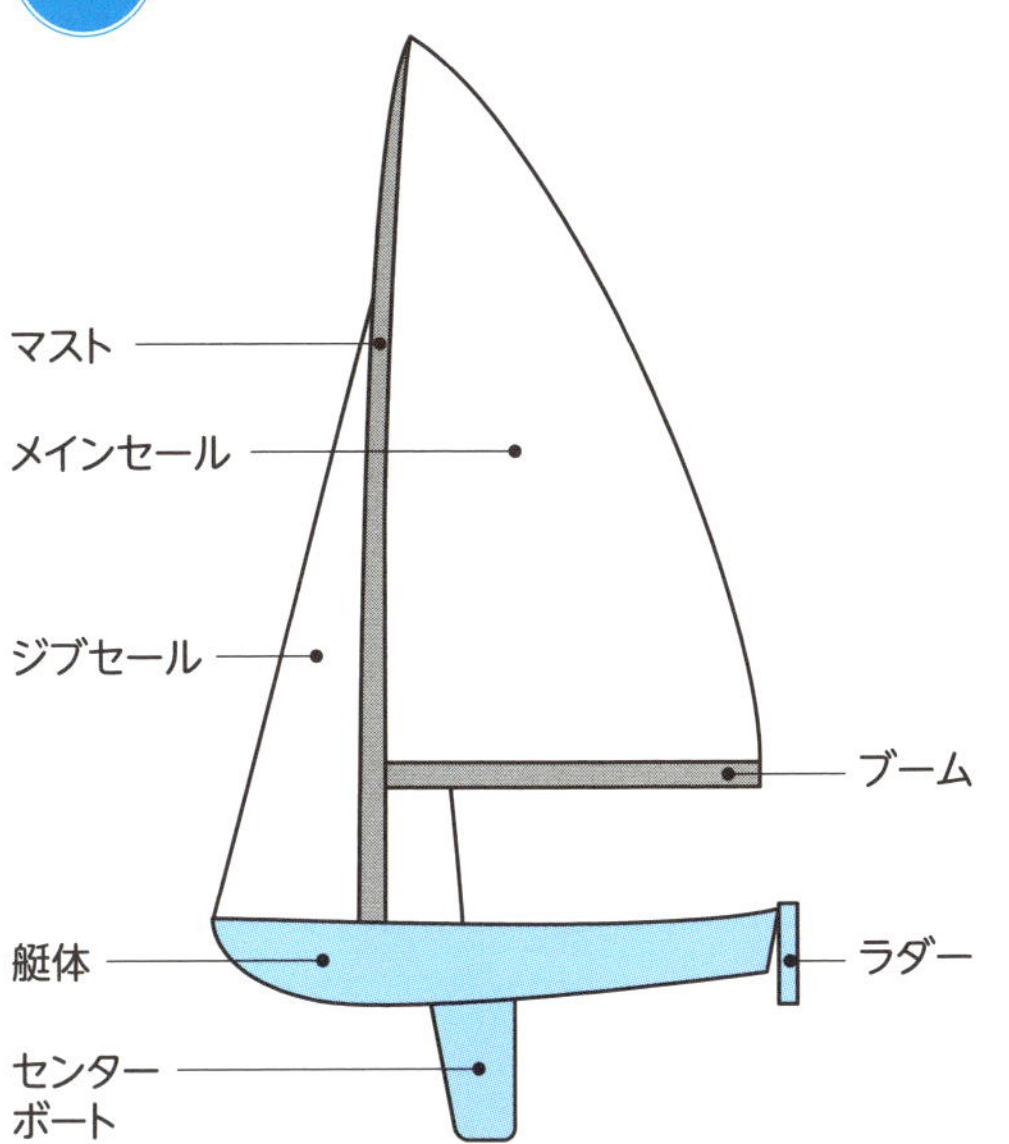

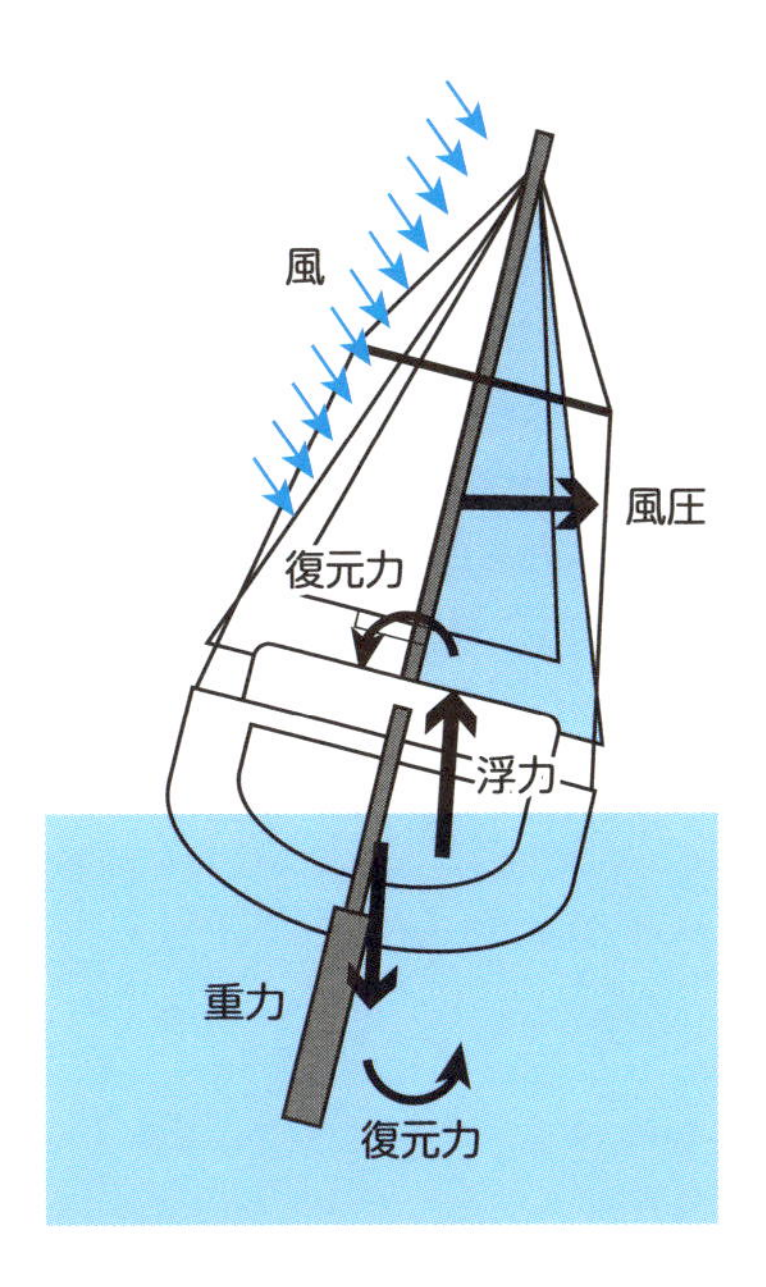

2 セール（帆）で発生する揚力と進行方向成分である推力

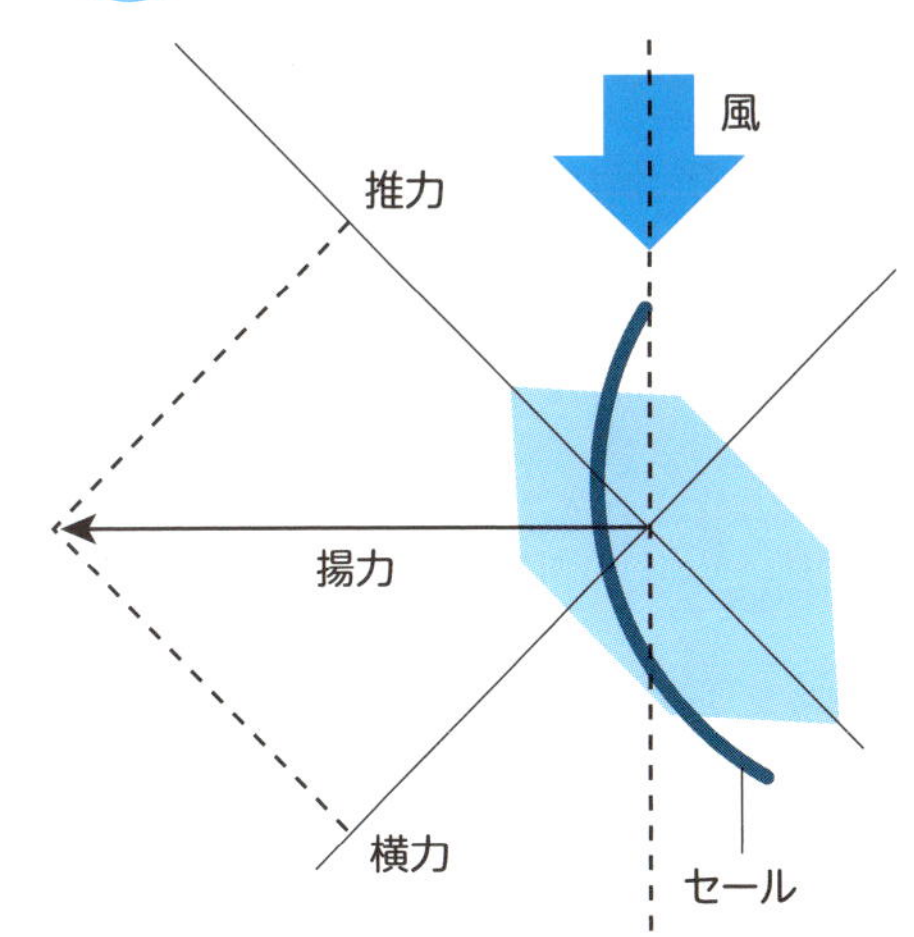

て使うため、上流に向かうときは目的方向に対して斜めにジグザグして進むことになるわけです。

ヨットには風を受けて発生する横力が艇をローリングさせるモーメントを作ります。ところが、風の力を帆で受けてもヨットは横に倒れません。船底についているセンターボードとかキールと呼ばれる、竜骨から水中に垂れ下がる重い板（垂下竜骨）が横転を防いでいるのです。それこそ、ヨットにとっては無くてはならない命綱というわけです。

カヌー／
カナディアン、カヤック

速さには艇とパドルの形状が大きく作用する？

カヌーにはカナディアンカヌーとカヤックがありますが、違いは操舵時の姿勢と用いるパドルです。カナディアンは1枚ブレードのパドルを使い、選手は膝を立てて座ります。カヤックのパドルはブレードが両端に2枚あり、選手は両足を前に出し両膝で艇の内側を押し付け、座った姿勢で漕ぎます。

それぞれの競技には、流れのない直線コースの水路でタイムを競うスプリント、急流で艇を操りながらタイムを競うスラロームがあります。**スプリント競技のスピードはおよそ5m/s。1秒で5m進むため、歩速の5倍くらい速いことになります。スラローム競技は平均2.8m/sの速さで急流を下ります。**

1人乗りカヤックの重さが12kg、漕ぎ手の体重が70kg、この重量をスプリント競技で秒速5mまで加速させることを考えてみます。合計82kgの物体を静止状態から1秒で5m/sに加速するのに必要な力は、82kg×(5m/s－0m/s)/1s=410N。42kgの錘を一瞬で持ち上げる力なので、筋肉鍛錬が欠かせません。

艇を操るのはパドルです。**パドルの重要な性能は、水を搔いて推進力をカヤックに与えること、方向変更時に曲がりたいほうへパドルでブレーキをかけること。**どちらも水から受ける抗力を使います。**抗力は水流速度とパドルを動かす速度の差の2乗に比例**するので、**速度差が大きければ大きいほど力は大きくなります。**静水中なら漕ぐ速度がそのまま力に反映されますが、川には流れがあるので、**水流方向に進むときにはパドルを流れより速く動かさなければ漕げません。流れよりパドリングが遅いとブレーキになる**ためです。しかし、抗力はパドルの形状に依存するため、選手の力をもっと効率よく水流に伝えられるパドルの形があると考えられます。

艇については、スプリント用は進行方向に対して抵抗が小さくなるように流線型に設計するのが一般的です。ところが、スラローム用は川の変化に富む流れに遭遇するために、単純に流線形が良いというわけではありません。そこで、生物の機能を設計に生かすバイオミメティクスを使い、川の生物であるサケ、カワセミの突入抵抗低減などを取り入れた設計により、2年後の東京オリンピックでのスラローム用の艇を開発しているプロジェクト（❷）があります。完成が待ち望まれる計画と言えます。

1 カヤックのスプリントとスラローム

スプリント

静水面で1人乗りから4人乗りまでの艇にのり、一定の距離（200m、500m、1000m）と水路（レーン）を決めて複数の艇が一斉にスタートして最短時間で漕ぎ、着順を競う競技。そのほかリレーや5000m、長距離などもある。

スラロームカヤックは、ダブルブレードパドルで漕ぐカヤックを使い、流れのある河川のコースを1艇ずつスタートして、決められたゲートを通過しながらタイムを競う種目。
スラロームカナディアンは、シングルブレードパドルで漕ぐカナディアンカヌーを使い、流れのある河川のコースを1艇ずつスタートして、決められたゲートを通過しながらタイムを競う種目。

スラローム

みつはプロジェクトで開発中のスラローム用カヤック

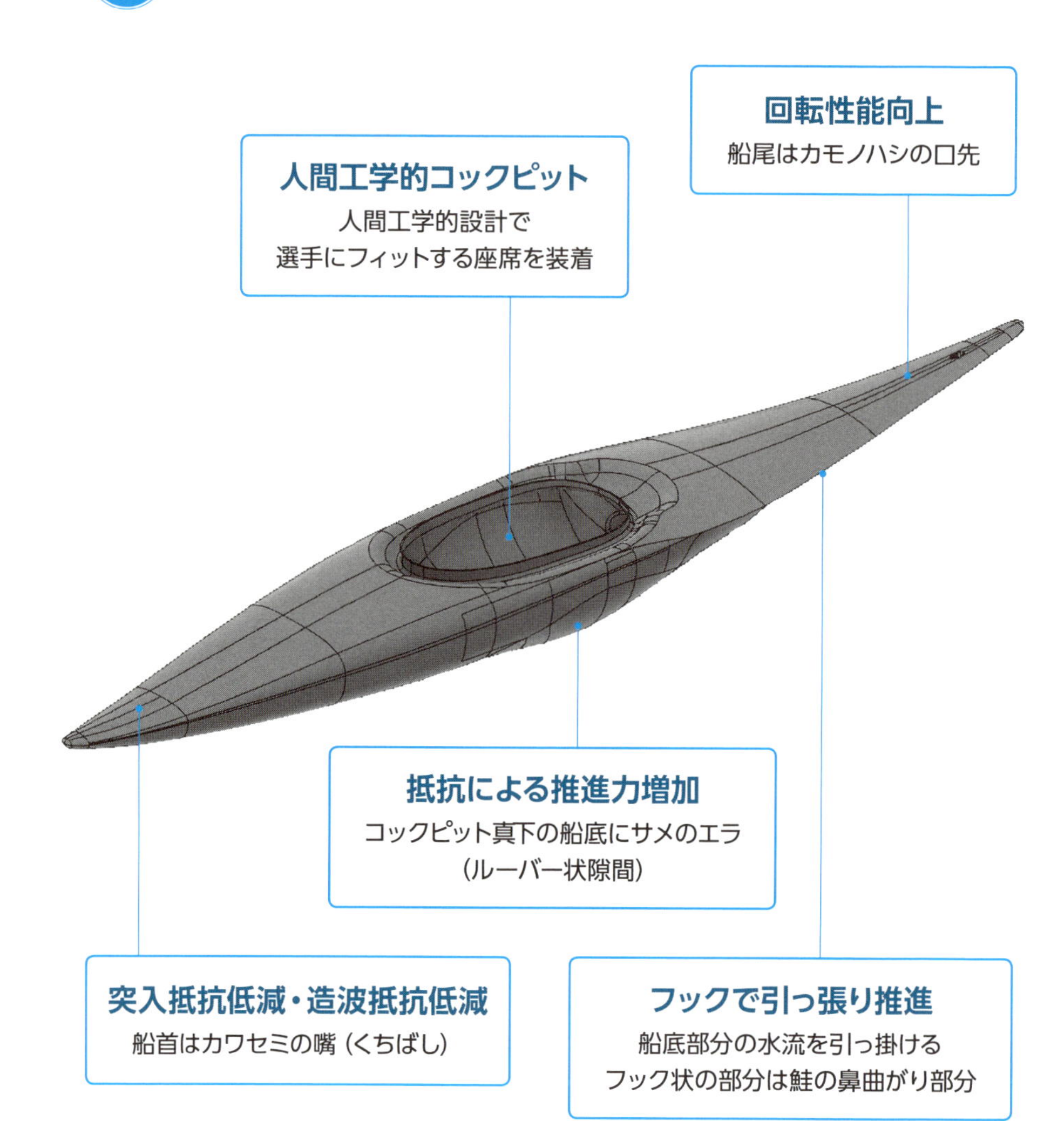

カーリング

10エンドまで見越して最終的に勝つための戦略とは？

平昌オリンピックで銅メダルを取る活躍から人気の沸騰したカーリングには独特のネーミングがあります。まず、カーリングを戦うエリアは**シート**と呼びます。大きさは❶の通り。シートの両側には**最外側の半径が1・829mの円が描かれています**。この円を**ハウス**と呼びます。

シートの表面は氷です。一方の端から取手付きのストーンを滑らせて（投げると表現）、他方の端にあるハウス（円）に入れます。得点方法は、1チーム8個のストーンを両チーム（16個）が交互に**すべて投げ終わったあと、ハウスの中心に最も近いストーンのあるチームに点数が入ります**（❸参照）。

次のエンドでは前のエンドで得点したチームが先攻となります。試合は10エンド制で、10エンド終了時に総得点の多いチームが勝ちです。ストーンを投げる選手（デリバリー）以外のチームメンバーは、スイーパー（氷上をブラシで掃く選手）2人と指示を出す選手です。ハウス内のストーンを弾き出したり、次のエンドで先攻と後攻が入れ替わらないように、あえて0点になるようストーンを外したりと、1エンドの勝利より、最終的に勝てるよう戦略を立てます。

ストーンの重さは20kgf、直径は約30cm。❷のように、投げたストーンが静止しているストーンの真ん中に衝突すると、ストーンとストーンの間で運動量が交換されます。つまり、**当たったストーンは保持していた運動量（20kg×2m/s）が0となって静止し、当てられたストーンには運動量が転化され2m/sで滑っていきます**。中心がズレて衝突すると、進行方向に衝突した角度によって、直角方向の運動量として分配されます。そのため2つのストーンは斜めに滑っていきますが、斜め方向へ滑る角度は当たる位置と速度によって変わることになります。

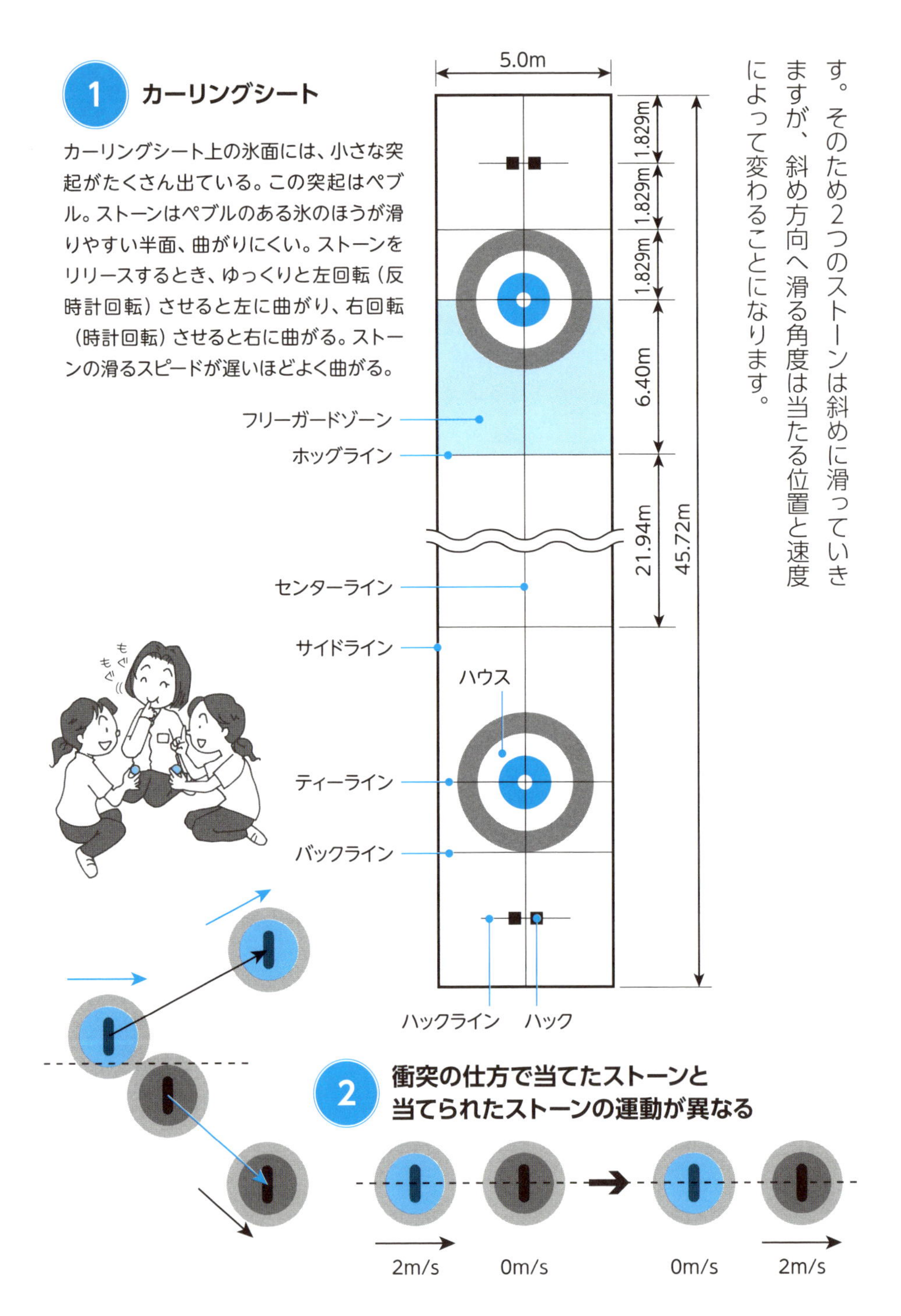

1 カーリングシート
カーリングシート上の氷面には、小さな突起がたくさん出ている。この突起はペブル。ストーンはペブルのある氷のほうが滑りやすい半面、曲がりにくい。ストーンをリリースするとき、ゆっくりと左回転（反時計回転）させると左に曲がり、右回転（時計回転）させると右に曲がる。ストーンの滑るスピードが遅いほどよく曲がる。
5.0m
1.829m
1.829m
1.829m
6.40m
21.94m
45.72m
フリーガードゾーン
ホッグライン
センターライン
サイドライン
ハウス
ティーライン
バックライン
ハックライン
ハック
もぐもぐ
2 衝突の仕方で当てたストーンと当てられたストーンの運動が異なる
2m/s
0m/s
0m/s
2m/s

3 得点の数え方とストーンのポジション

一番中心に近いのは●
次に近いのは●のため●の1点−0点

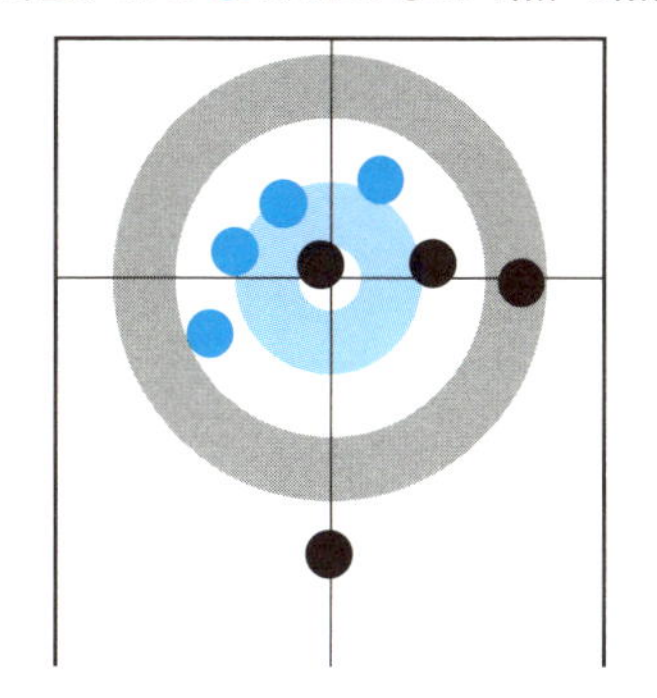

一番中心に近いのは●
次に近いのも●、次も●のため3点−0点

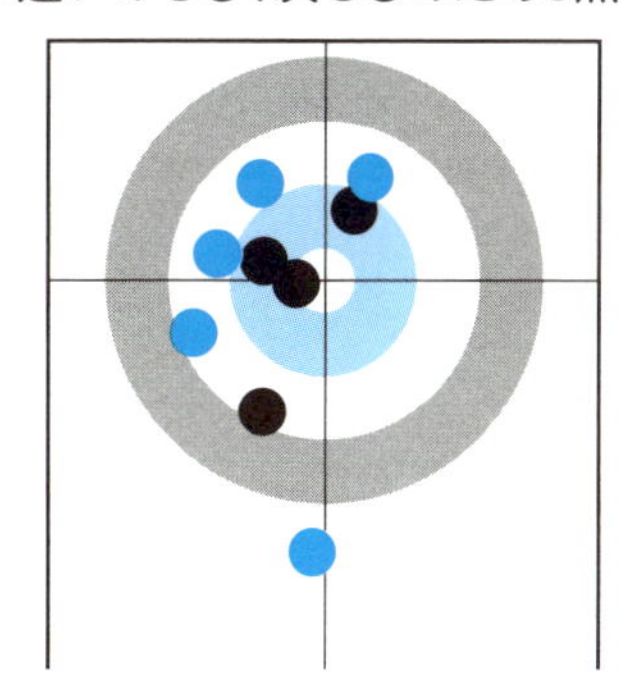

一番中心に近いのは●
次に近いのも●、次は●のため●の2点

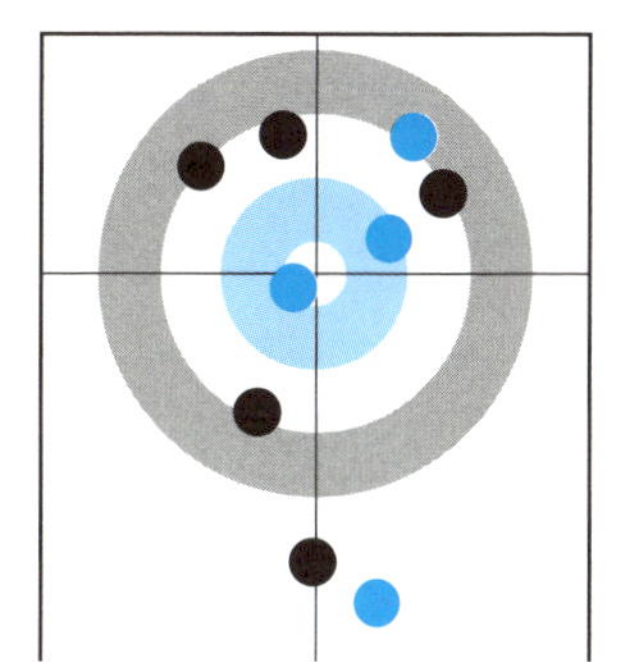

一番中心に近いのは●
次は●のため●の1点

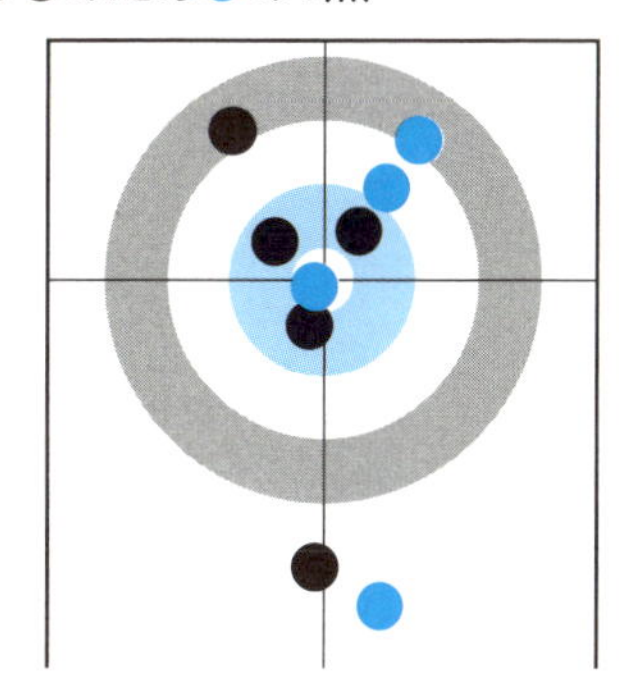

ポジション

リード	セカンド	サード (バイススキップ)	スキップ
1投目に投げる	2投目に投げる	3投目に投げる スキップが投げるときに指示を出す	4投目に投げる 作戦を立て、氷を読み、指示を出す

投げるのは1人2投。エンドごとに先攻チームのリードが1投目を投げる。以後順に、後攻のリード、先攻のリード、後攻のリードと2投ずつ投げ、次に先攻のセカンド、後攻のセカンドが2投ずつ、という順に投げる。最後に後攻のスキップが2投目を投げ終わって、そのエンドが終了する。エンド終了の時点でストーンがハウスの中心に近いチームに得点が入る。次のエンドでは前のエンドで得点したチームが先攻となる。10エンド終了時に総得点の多い方が勝利。

※詳しいルールなどを知りたい方は「公益社団法人　日本カーリング協会」公式ホームページをご覧ください。

26

フィギュアスケート

羽生選手の4回転ジャンプのパワーとは？

フィギュアのジャンプには、得点の高い順にアクセル、ルッツ、フリップ、ループ、サルコウ、トゥループがあります。踏み切り方で分類すると、エッジで踏み切るのがアクセル、ループ、サルコウ、トゥで踏み切るのがルッツ、フリップ、トゥループです。詳しくは図に示しました(82～83ページ参照)。

では、こうしたジャンプにどのくらいの力が必要なのか、試算してみましょう。羽生結弦選手をモデルに、サルコウジャンプで考えます。

羽生選手の身長は171cm、体重53kgf。2018年2月、平昌オリンピックのショートプログラム演技での**4回転サルコウジャンプは、跳び上がりから着氷までの時間が0・84秒**でした。そうすると、垂直方向の速度成分v_0は$\mathbf{v_0=g(t/2)}$により$v_0=4.12\mathrm{m/s}$が求められ、**ジャンプの高さは$y_{max}=-(1/2)gt^2+4.12t$によって$y_{max}=86.6\mathrm{cm}$が導かれます。**

また、0・84秒間で4回転（$=2\pi\times4\mathrm{rad}$）しているために、**回転角速度は$\omega=29.92\mathrm{rad/s}$**となります。**ジャンプにより体を高さ$y_{max}$まで上げるエネルギーは$E_p=mgy_{max}$**と表せるので、**$E_p=53\times9.8\times0.866=450\mathrm{J}$**の計算式が成り立ちます。

体を回転させるエネルギーは、

$$E_s=\left(\frac{1}{2}\right)I\omega^2$$

です。Iは慣性モーメント。体を半径rの円柱に見立てると、**$I=mr^2/2$**。そこで、$r=0.15$とすると、

$$E_s=\left(\frac{1}{2}\right)\times53\times0.15^2/2\times29.92^2=267\mathrm{J}$$

となります。**体を上に持ち上げるエネルギーは、**

回転に使うエネルギーの約1・7倍必要なのです。

蹴った力の方向の角度θは、

$$\theta=\tan^{-1}\left(\frac{2184}{1187}\right)=61.5^\circ$$

で傾いています。

力から見ると、0・1秒で53kgfの体を垂直方向に4.12m/sの速度で飛び上がったために、**ジャンプ力F_jは、$F_j=53\times(4.12-0)/0.1=2184$Nです。回転に必要なトルクは、$T_s=I\times(29.92-0)/0.1=(53\times0.15^2/2)\times(29.92-0)/0.1=178$Nm**。

この式から、r=0.15の円周に掛けた力F_sは、$T_s=F_s\times r$により、$F_s=1187$Nとなります。その結果、これらの**力の合成からスケートリンクを蹴った力**は、

$$F=\sqrt{F_j^2+F_s^2}=\sqrt{2184^2+1187^2}=2486\text{N}$$

と導かれます。簡単に見えて、強力なパワーでジャンプをしていることが、試算で明らかになるのです。

1 ジャンプの種類

種　類	三回転の得点（基準点）	滑走する足（旋回方向）	踏み切る足	後ろ向きに着氷する足
❷ アクセル	8.5	左(左)	左外側エッジ	右
❸ ルッツ	6.0	左(右)	右トゥ	
❹ フリップ	5.3	左(左)	右トゥ	
❺ ループ	5.1	右(左)	右外側エッジ	
❻ サルコウ	4.4	左(左)	左内側エッジ	
❼ トゥループ	4.3	右(左)	左トゥ	

2 AXEL
アクセルジャンプ

前向き姿勢で左脚外側エッジに乗り、左旋回するように滑走して右脚を後ろから前に振り上げ、左外側エッジで踏み切る最高難度ジャンプ。右脚を軸に左回りに回転し、右脚で後ろ向きに着氷。このため2分の1回分余分に回転する。難易度が高い。

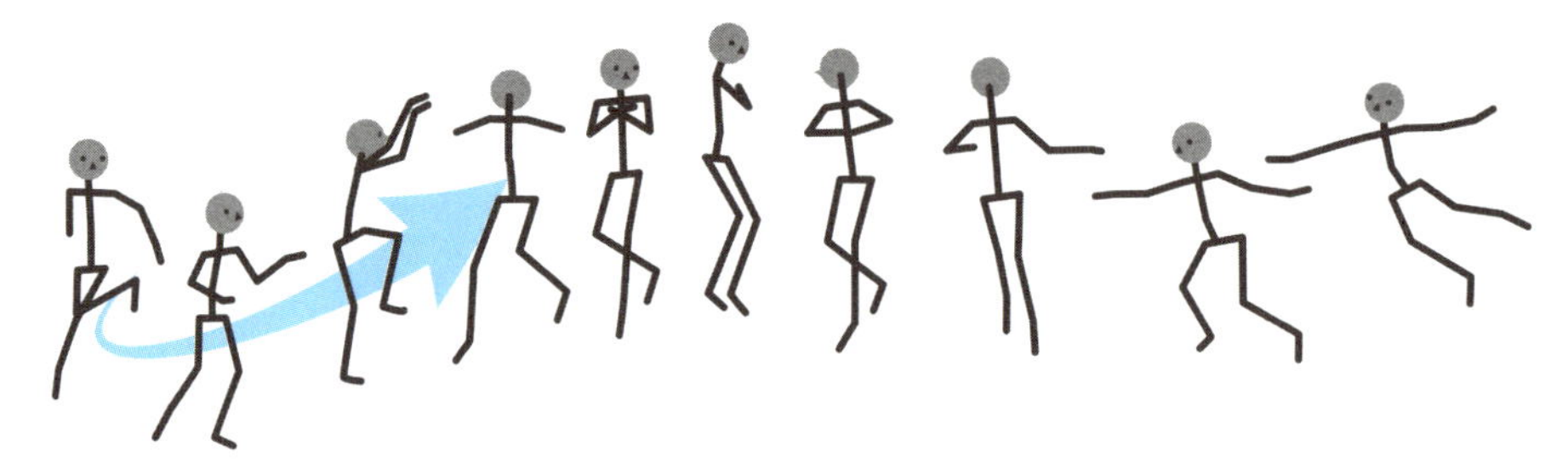

3 LUTZ
ルッツジャンプ

左脚の外側エッジに乗って後ろ向きに右旋回するように滑走し、右のトゥをついて跳ぶ。体のひねりを利用して回転し、回転は右脚を軸に左回り。右脚で着氷。

4 FLIP
フリップジャンプ

ジャンプ直前に左脚内側のエッジに乗り、後ろ向きで左旋回するように滑走し、右のトゥをついて跳ぶ。回転は右脚を軸に左回りで右脚着氷。前向きに滑走して踏み切る直前にパッと後ろ向きになって跳ぶことが多い。ルッツとの見分けがつきにくい。

5 LOOP ループジャンプ

両脚で後ろ向きに左旋回するように滑走し、跳ぶ直前に右脚外側エッジに乗ってそのまま右脚外側エッジで踏み切るジャンプ。右脚外側のエッジで滑りながら、左脚を少し前に出し、滑ってきた勢いを使って踏み切る。

6 SALCHOW サルコウジャンプ

後ろ向きに左脚内側のエッジで左旋回するように滑りながら、ハの字に開いて構えた右脚を後ろ側から前上方に振り上げて左脚内側エッジでジャンプする。左回りに右脚を軸に回転し、右脚外側エッジで着氷。比較的やさしいジャンプのため、男子ではトウループに次いで4回転ジャンプに使われる。

7 TOE LOOP トゥループジャンプ

右脚外側のエッジに乗り、後ろ向きに左旋回するように滑走し、右脚の右斜め後方に左脚のトゥをついてジャンプする。右脚を軸に左回りに回転し、右脚で着氷。助走時に左脚を後ろに引く姿勢があればトゥループジャンプ。最も跳びやすいジャンプのため、男子シングルでの4回転は大半がこのトゥループ。

27 スピードスケート

小平選手を破るための空気抵抗低減の工夫とは？

2018年2月、平昌オリンピックのスピードスケート女子500mは、小平奈緒選手が36秒94のオリンピックレコードで優勝しました。スタートから100mを10秒26で通過し、平均速度は$u=13.53$m/s（≒48.7km/h）でした。身長165cm、体重60kg。上半身を水平に倒し、前面から見た投影面積を小さくする姿勢を取っています。この効果を考えてみます。

一定速度で移動しているとき、推進力は空気抵抗力と等しくなります。 推進力が空気抵抗力を上回れば加速し、下回れば減速するわけです。

一定速度での推進力Tと空気抵抗力Dが等しいことから、その関係は次のようになります。

$$T=D \quad D=C_D\frac{1}{2}\rho u^2A \quad \rightarrow ①$$

推進力が変わらずに投影面積を変えたとすれば、タイムにどのような影響が生じるでしょうか。

最初の状態にサフィックスの1をつけます。姿勢変化後の状態にはサフィックスの2をつけます。推進力は変えないので、式①より、

$$C_D\frac{1}{2}\rho {u_1}^2A_1=C_D\frac{1}{2}\rho {u_2}^2A_2 \quad \rightarrow ②$$

また、速度と時間を掛けたものが距離500mとなるので、

$$500=u_1t_1=u_2t_2 \quad \rightarrow ③$$

式③の関係を式②に代入して整理すると、

$$\frac{u_1}{u_2}=\frac{t_2}{t_1}=\sqrt{\frac{A_2}{A_1}} \quad \rightarrow ④$$

が導かれます。

2位の李相花選手のタイムは37秒33でしたから、この選手が小平選手の記録を0・01秒上

回るために、式④に、t_1=37.33、t_2=36.94－0.01=36.93を代入して面積比を求めると、

$$\frac{A_2}{A_1}=\left(\frac{t_2}{t_1}\right)^2=\left(\frac{36.93}{37.33}\right)^2=0.979$$

との式が立ちます。これにより、投影面積を約98％小さくすることで小平選手を上回れるわけです。

もともとの上体の傾きをθ_1とし、修正後の傾きをθ_2とすると、上体の投影面積の比は、

$$\frac{\sin\theta_2}{\sin\theta_1}$$

で表せますので、θ_2＝0.979θ_1となります。

仮にθ_1＝10°だったとすると、θ_2＝9・79°にするだけで、つまり、0・21°だけいつもより角度を小さくできれば優勝タイムになるのです。簡単そうですが、実際にはその角度を作り、保つことが非常に困難なのでしょう。

1 上体を水平にし、投影面積を小さくすれば記録は伸びる

小平選手のタイムは36秒94、2位の李選手は37秒33。李選手が小平選手を逆転するには、スケート姿勢を0.21°だけ上体の角度を小さくすれば可能であった。

チーム
パシュート

空気抵抗を減らし推進力をアップする隊形は？

2018年の平昌オリンピックの女子パシュート決勝で、高木美帆選手、佐藤綾乃選手、高木奈々選手らが強豪オランダチームを抑えて優勝しました。日本選手3人のスケーティングを正面から見ると、1人の選手が滑っているように見えるほどで、縦に並んで滑走する文字通り一糸乱れぬその姿は、実に美しいものでした。

さて、ではパシュートでは、なぜ縦に並んで間を詰めて滑るのでしょうか。まさに物理的なお手本のようなもので、**チーム全体をひとつの固まりとすることで空気抵抗を小さくするため**です。

折り曲げた上体を上から見ると、およそ短径：長径＝1：2の楕円形です。これだけでも**円の抵抗係数C_D=1.2に比べて、その比の楕円の抵抗係数はC_D=0.6と半分**になります。

さらに❶のように、3人が一直線に並ぶ固まり全体を上から見たとき、ほぼ1：3の楕円形とみなすことができます。このときに抵抗係数は**C_D=0.2〜0.3**になり、**チーム全体にかかる空気抵抗が1人のときに比べて約3分の1に減少する**のです。この隊形を維持することで疲労を防ぎ、後半に体力を温存して推進力に余力を残せるわけです。

実際、決勝のレースでは中盤までオランダチームに先行されましたが、日本チームのような隊形を組めないオランダは後半の残り2周でタイムがガクッと落ちました。そのため、日本が1秒58のタイム差をつけて逆転できたのです。ひとえに、隊形を保つよう練習した賜物です。

ちなみに、2円柱を縦に並べ、2つの円柱間の距離sを円柱直径dの比で表したとき、**s/d=0~2**では前方の円柱が**C_{D1}≒0.9**、後方の円柱が

C_{D2}≒−0.4となります。つまり、後方の円柱は推進力を得るわけです。カーレースでいうところのスリップストリームです。しかも、前方の円柱の抵抗係数も減少することになります。

また、s/d=2~8では、前方の円柱がC_{D1}≒1.1、後方の円柱がC_{D2}≒0.3となります。マラソンや自転車レースで並んで走っているのはこのためなのです。

1 空気抵抗を減らすチームパシュートの隊形（上から見た図）

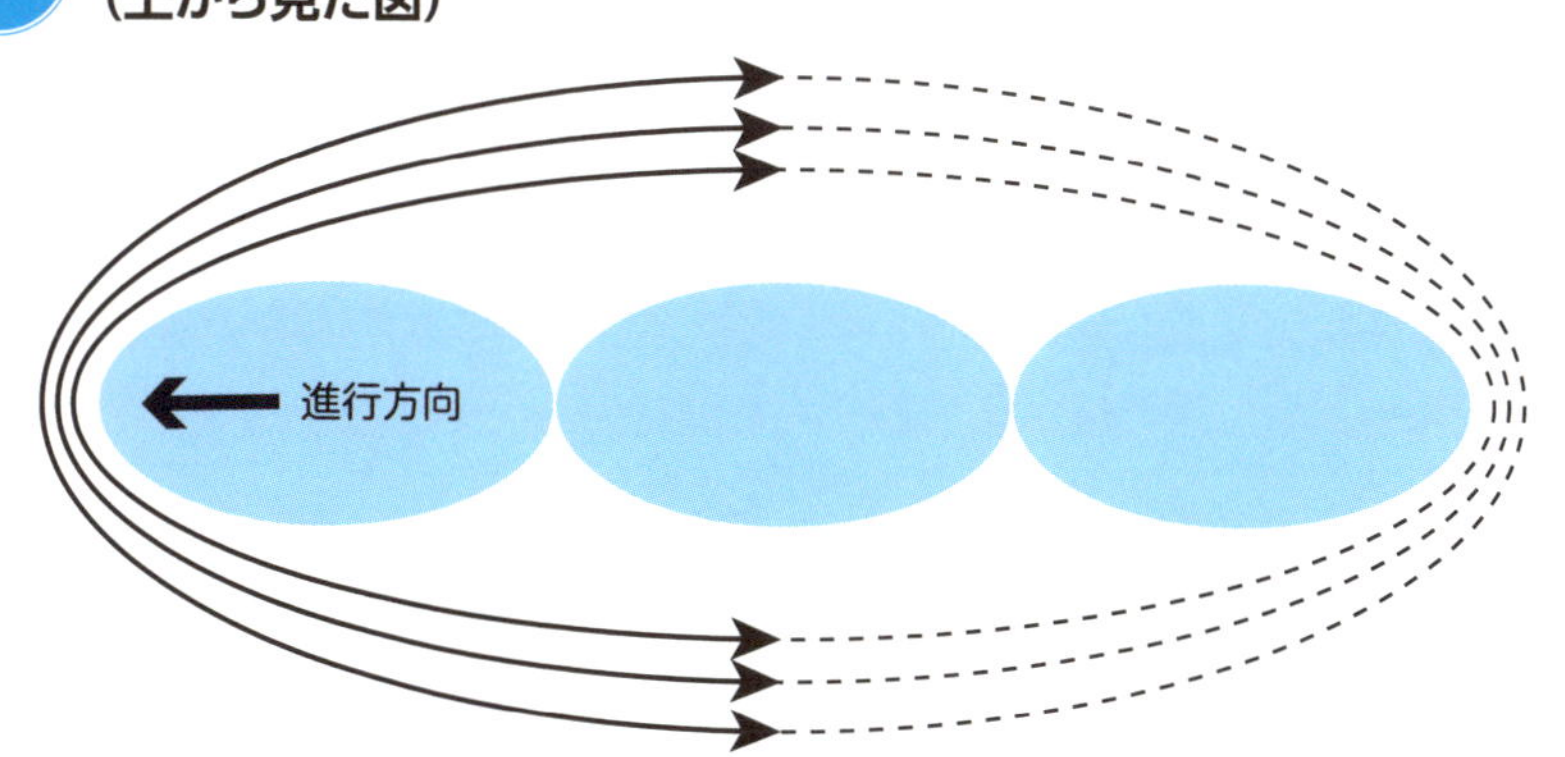

隊形を組むことでさらに空気抵抗を減らせる！

アルペンスキー

100分の1秒を争うコース取りをどう決める?

アルペンスキーは100分の1秒を争う競技なので、滑り降りるスキーのスピードアップが最優先。もちろん、コース取りも非常に重要となります。例えば、**時速100kmで滑ってくる滑降競技なら、100分の1秒で滑走する距離は27.8cm**。コース取りを間違い、**27.8cm余計に滑っただけで100分の1秒タイム差が出る**という過酷な競技なのです。

すでに記していますが、人間の反応時間は0・2秒。滑降競技では判断→動作までの0・2秒分で5・56mも移動してしまうため、「カーブがあるぞ!」と思ったときには、すでに遅く、コースが膨(ふく)らんで余計な距離を滑ることになります。

ところで、ここではダウンヒルではなく、回転競技について考えます。回転コースでの最短距離は❶のように旗門をグレーの点線で結んだものです。そのため、旗門でのベクトル(矢印で表す)の方向を素早く決め、いかに滑らかに旗門を通過していくかが勝負のカギを握ります。

実際には、次の旗門に引いたグレーの点線方向に接線する曲線を引くと、グレーのラインとなります。ただし、次の旗門に対してはスムーズに入っていけても、直線から大きく外れてしまいます。

ではどうするか。

実は、**与えられた点を自然に結ぶ方法として、スプライン曲線というものがある**のです。旗門におけるベクトルは、その地点の前後の点を結んだ方向を持ちます。点と点を結ぶ曲線は3次曲線です。ブルーの曲線で表しますが、目標とする直線に近く、かつ自然な曲線となっています。**スプライン曲線とは、設計図面を引くときに使う雲形定規を用いて描かれる人の感覚に近い曲線**です。

1 回転競技での旗門とコース取り

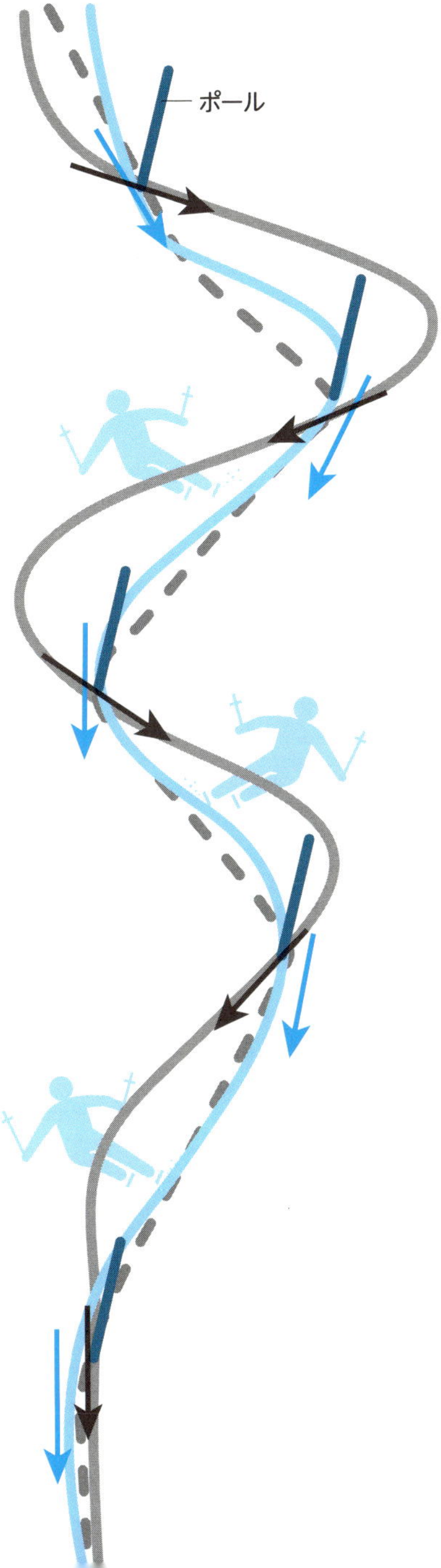

ポール

コース取りの実践法は、スプライン曲線をイメージして、1番の旗門を回っているときに、すでに次に通過する2番旗門を回る曲線の接線方向を、通過中の旗門1と、2つ先の旗門3をつなぐ方向とすることです。要するに**常に2つ先の旗門の位置を意識してコース取りする**、それが重要というわけです。

あくまでも理想は直線ですが、直線と直線が交差する点は数学的には滑らかではなく、その点でベクトルの方向を定義できません。したがって、どの方向に曲がればよいか決められないわけです。

一方、スプライン曲線はすべての点を通り、かつ滑らかです。旗門におけるベクトルはその旗門の前後の旗門を結んだ方向と決めることができる、というわけです。

クロスカントリースキー

ストックで押すパワーは脚で蹴る運動をしのぐのか？

クロスカントリースキーには、スケーティング走法をするフリーと、すり足のように走るクラシカルがあります。どちらも脚で雪面を蹴って走るのですが、**推進力を得るのにストックで雪面を押すことが重要**です。蹴る動作と動作の合間をスキー板で滑っていきますが、まるで四つ足で走っているようなもの。ストックの長さは、フリースケーティングが身長より15~20cm、クラシカルは25~30cm短いものを使います。175cmの身長で117~123cmのストックを使うアルペンスキーに比べて相当長い。理由はストックで雪面をなるべく長い時間押す必要があるからです。

❶で示すように、**長さLのストックを前方に突くとき、ストックが雪面に直角になればブレーキがかかりません**。腕を水平に前に出して直角になる長さは、肩までの高さに等しいことがわかります。この位置からストックを突き終わるまでの距離がストックで雪面を押している距離です。図からその距離を$d=r+s$と表せます。rは腕の長さ、sはLと斜辺（$r+L$）の直角三角形の底辺の長さとなりますから、

$$s=\sqrt{(r+L)^2-L^2}$$

で表せます。したがって、押せる距離dは、

$$d=r+\sqrt{(r+L)^2-L^2} \quad \to ①$$

となります。ここから**腕の長さrが長いほど押せる距離dが長くなる**ことがわかります。

推進力Fを与えられる距離が長いとは、言い換えればその時間tが長いということです。そこで質量mの、人の運動方程式から速度vは、

$$v=\left(\frac{F}{m}\right)t \quad \rightarrow ②$$

となって、スピードアップに貢献します。また、選手の体重は軽いほうがスピードを上げるために有利なこともわかるのです。

1 ストックで雪面を押している距離

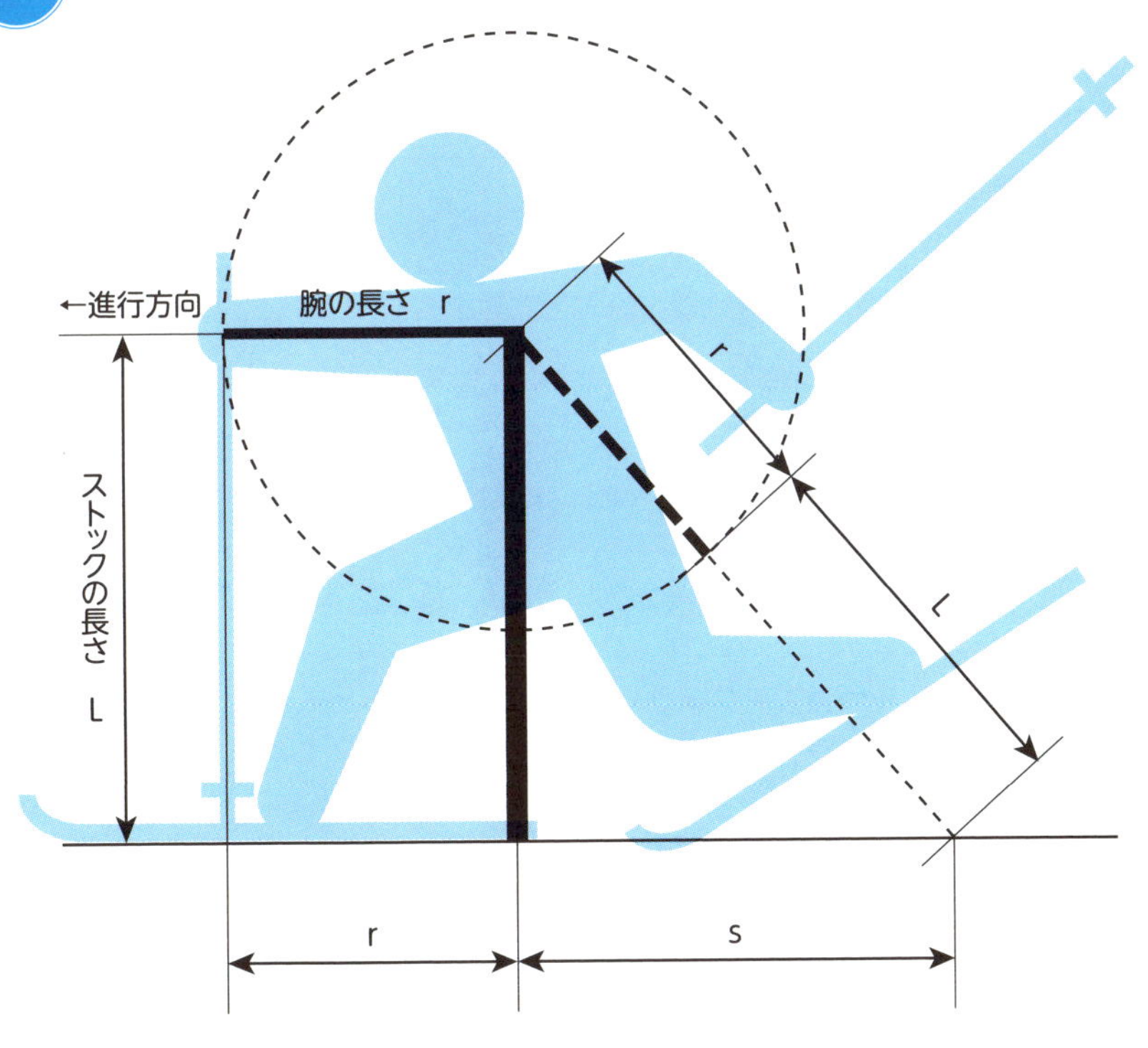

31 スキージャンプ

飛距離を出す揚力の捉え方はムササビに学ぶ？

スキージャンプでは、高梨沙羅選手やレジェンド葛西紀明選手の活躍が目に浮かびます。ジャンプ台の助走路（アプローチ）を滑り降りてカンテと呼ばれる先端（下向きに11°傾斜）から、時速約90kmの速度で飛び出し、ノーマルヒルは空中を100m近く、ラージヒルでは130mも飛び、テレマーク姿勢で着地する競技です。

選手が着地するランディングバーンには、ランディングエリア開始点を表すP点（青線）、建築基準点を表すK点（赤線）、ランディングエリア限界点を表すL点（ヒルサイズ）が示されています。札幌の大倉山ジャンプ台（ラージヒル）は、アプローチ101m、傾斜角度35°、ランディングバーン202・8m、P点100m、K点120m、L点134mです。これらの距離はカンテから斜面に沿って測ります。カンテとK点の高さh=60.85m、直線距離がh=105.58mとなっています。

さて、先の2人の共通点は、**空中での飛行軌道が放物線ではなく、斜面に沿った直線的な軌道**であること。**空気抵抗力を上向きの力（揚力）として利用するため**ですが、その姿はムササビの滑空と同じ飛行スタイルと言えるでしょう。

抗力と揚力の比を抗揚比と呼びます。抗揚比は水平から測った角度を表します。揚力が大きいほどその角度は小さくなるので、なかなか落ちてきません。パラシュートで降りてくるときにゆっくりと落ちてくるための、抗力が上向きの力となっている状態と同じです。したがって、**飛んでいる間にこの空気抵抗を大きくして上向きの力を大きくすれば、ゆっくりと落ちてくる**ことになります。

ところが、❶に示すように、**空気抵抗が大きく**

なると水平方向成分の力も大きくなるために減速効果が生まれ、結局、遠くへ飛べなくなります。これを防ぐには、**体をほぼ水平にして水平方向には抵抗を小さく、鉛直方向には抵抗が大きいという状況を作り出すこと**です。技術の劣る選手は空中で体を立ててしまいがちですが、これでは水平方向の空気抵抗が大きくなり、ストンと落ちてしまいます。

飛距離を伸ばすには、空中姿勢を素早く決め、その形を維持することが重要になるのですが、そのためには、**サッツ（踏み切り）で水平方向に飛び出す立ち上がり動作をしなければなりません。**カンテが下向きに11°傾いているため、サッツ時の時速90km(25m/s)では下向きに4.77m/sという速度を持っています。これを**0にするように立ち上がる**わけです。高梨選手は体重45kgfなので、反応時間0・2秒で立ち上がったなら、運動量変化から**45(4.77−0)/0.2=1073N**の力が必要となります。**110kgf**の錘を持ち上げる力と同じです。その力で水平方向に飛び出し、すぐ体を水平に保ち飛行する。そうすることで究極のムササビ飛行が可能となるのです。

1 スキージャンパーに作用する力

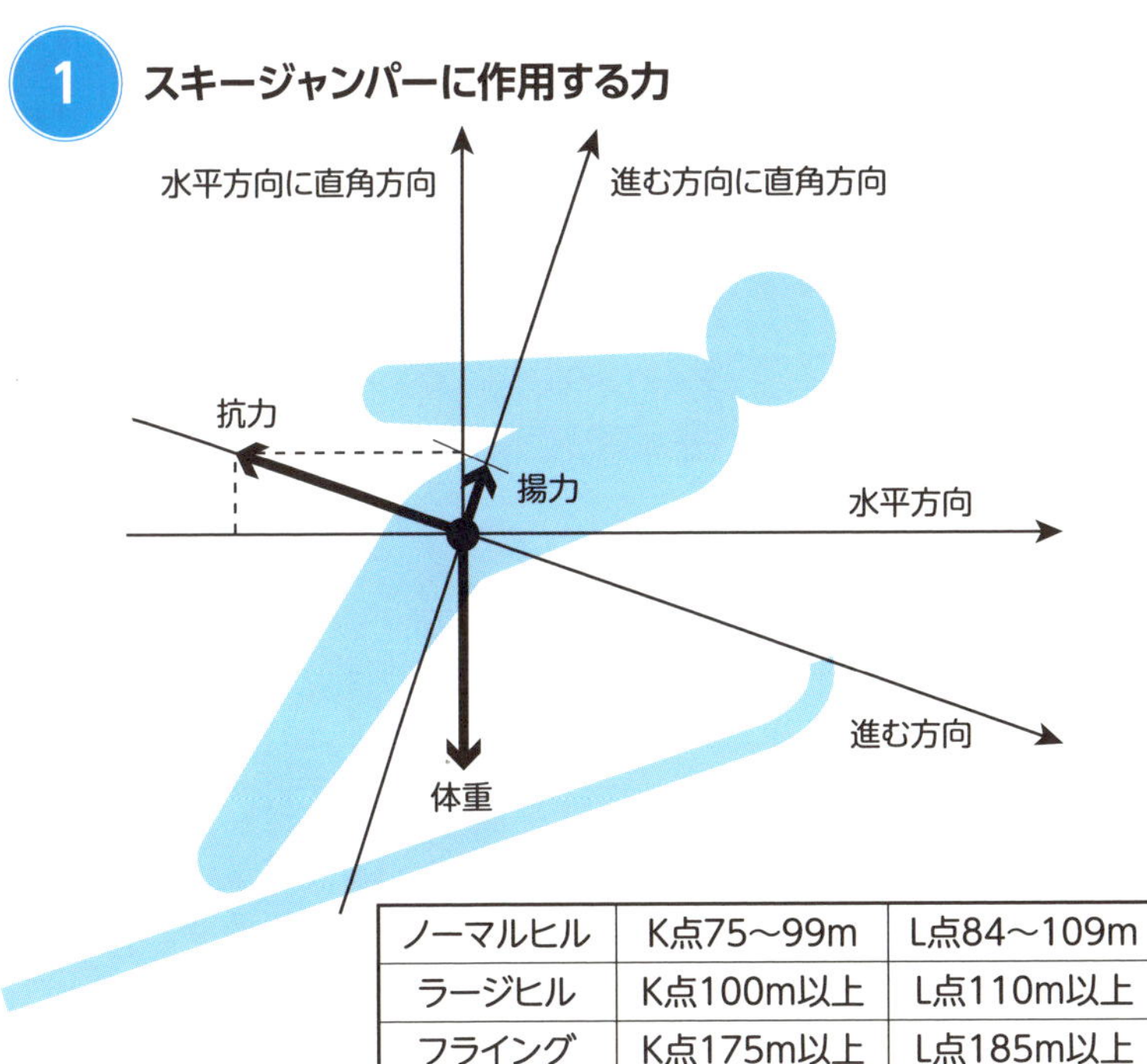

ノーマルヒル	K点75～99m	L点84～109m
ラージヒル	K点100m以上	L点110m以上
フライング	K点175m以上	L点185m以上

※フライングはオリンピック競技に採用されていない

スノーボード

雪の密度と滑るスピードでボードが浮く？

スノーボード1枚の面積は平均で0・38㎡。スキー板2枚分の面積とほぼ同じです。スノーボードに65kgの人が乗ると、板の1cm²当たり17gfの錘（1円玉17枚）を乗せたぐらいの圧力になります。雪の上に1円玉を17枚重ねて乗せても沈まないことがわかっています。**スノーボードは広い面積に体重を分散させることで雪への負担を減らしている**のです。

スノーボードは新雪のパウダースノーの中をどのように滑るのでしょうか。**前に進める力（推進力）は体重の斜面下方向の成分**です。体重65kgfの人が25°の斜面を滑ると、推進力は**65×sin(25°)=27.5kgf**です。この重さの錘が引っ張ってくれているわけです。したがって、等加速度運動となるので、速度vはv=gsinθ×tとなります。**θは斜面の角度、tは滑り始めてからの時間**のこと。

この式から、時間とともにどんどん速度が増していくことがわかります。ただし、**実際には空気抵抗が作用するので、ある速度で一定となります。**それを**終端速度**と言い、次のように表せます。

$$V_{terminal}=\sqrt{\frac{mg\sin\theta}{k}}$$

kは体にかかる空気抵抗係数で、

$$k=C_D\frac{1}{2}\rho A$$

です。**なお、C_Dは体の抵抗係数、ρは空気の密度、Aは体を前方から見たときの面積（投影面積）**です。いま、**C_D=1.1、ρ=1.2kg/m³、A=0.85m²**とすると、**$V_{terminal}$**は、

$$V_{terminal}=\sqrt{\frac{65\times9.8\times\sin25^\circ}{1.1\times0.5\times1.2\times0.85}}=21.9\text{m/s}(=79\text{km/h})$$

となります。空気抵抗を無視した速度との比較で

は、滑降開始から約6秒後に一定速度$v_{terminal}$で滑っていくことになります。抵抗係数を上げるようなダボダボの服を着て**C_D=1.7、A=1.02m^2**にすると、**$v_{terminal}$=16.1m/s(=58km/h)**とスピードを遅くできます。**服装で滑る速度が結構変わる**のです。

滑走で体重を支える力はどうでしょう。❶のようなスノーボードの下を流れる雪混じりの空気の**流れが、傾けたボードで下向きに曲げられる力の反力**です。上向きの力が体重と釣り合えばパウダースノーに浮いていることになります。

パウダースノーの密度(雪まじりの空気の密度)を**50kg/m³**とします。スノーボードを進行方向に対して18°傾け、速度19.7m/sで滑るとすると、流れの方向を変えた力の反力の進行方向に対して直角方向性分**F_y72kgf**となります。したがって、体重を支える力**$F_y$cos25°=65kgf**を得る、というわけです。

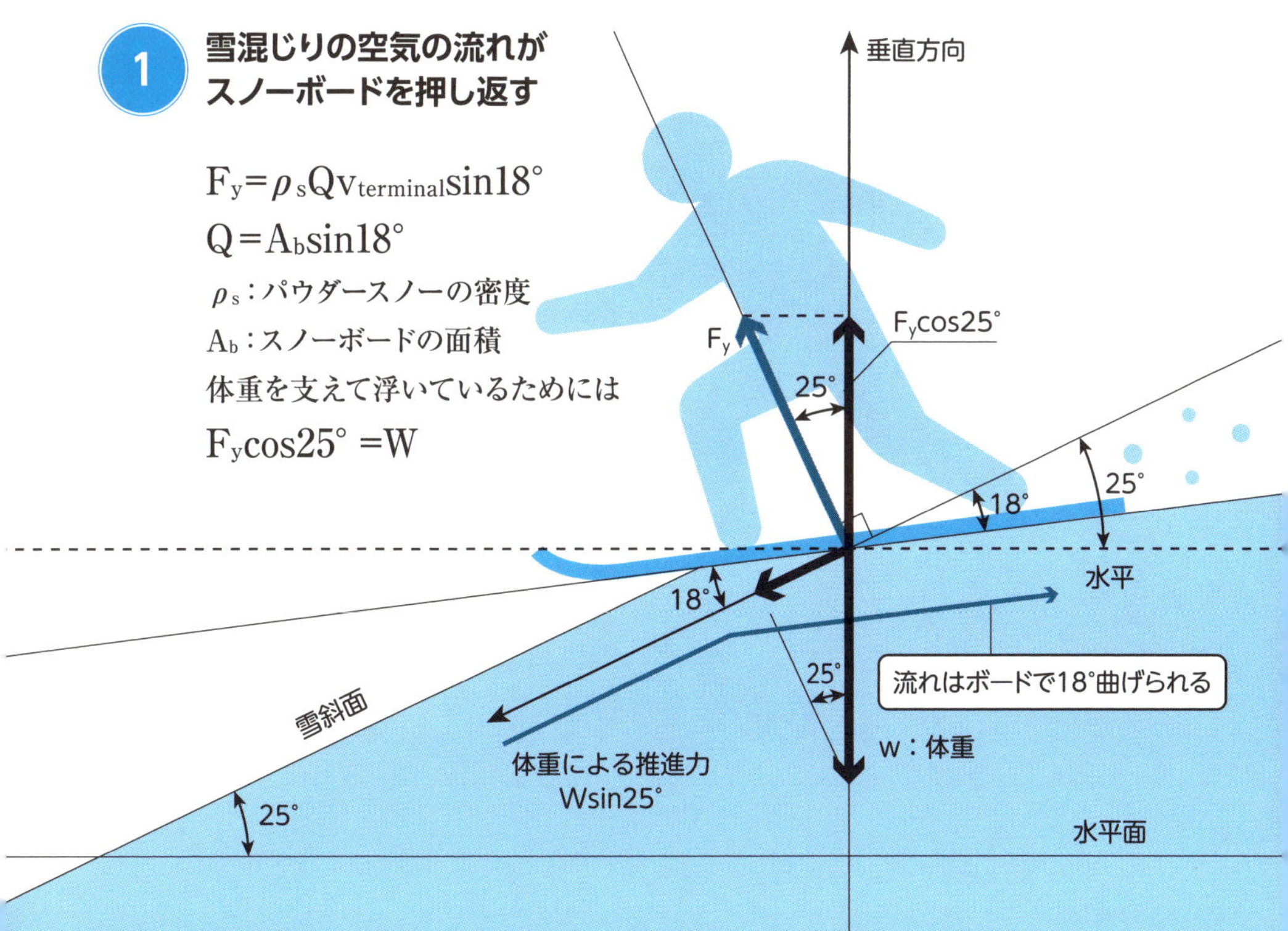

ボブスレー

スタート時の全員で押す力がタイムを縮める？

ボブスレーのコースは平均的な長さ1300m、高低差110m、最大勾配15°。長さと高低差から、コース全体の平均斜度は**$\theta=\sin^{-1}(110/1300)=4.85°$**です。4人乗りボブスレーの重量は、選手の体重を含めて630kgf以下と規定されています。ここではm=630kgとして考えてみましょう。

$$V_{terminal}=\sqrt{\frac{mg\sin\theta}{k}} \rightarrow ①$$

kは体にかかる空気抵抗係数で、

$$k=C_D\frac{1}{2}\rho A+k_f$$

です。なお、**C_Dはボブスレー形状の抵抗係数、ρは空気の密度、Aはボブスレーを前方から見たときの面積（投影面積）、k_fはブレード部分の氷面との摩擦抵抗のファクター**です。

ここで、**$C_D=0.3$、$A=\pi\times0.3^2=0.28m^2$、$\rho=1.2kg/m^3$、$k_f=0.45$**とします。式①にこれらの値を代入すると、

$$V_{terminal}=\sqrt{\frac{630\times9.8\times\sin4.85°}{0.3\times0.5\times1.2\times0.28+0.45}}=32.3m/s(≒116km/h)$$

となります。このスピードで1300mを滑走すれば40・25秒でゴールしますが、抵抗がないものとしてこの速度になるまでの時間は、$v=g\sin\theta\times t$から39秒もかかってしまいます。つまり、自然の加速に委ねていると、ゴール直前でやっと設計速度に合致することになってしまう。なので、**スタートと同時に選手たちがボブスレーを押しながら走って加速する必要がある**わけです。

このときに必要な力は5秒。4人全員が70kgf、ボブスレー本体の質量を350kgとすると、5秒でその速度にもっていくための全員で押す力F

は、**F=350×(32.3-0)/5=2261N**と求められます。それ以上の力を出せば加速時間を短縮でき、好記録につながるので全員で押す力は重要なパフォーマンスです。

さて、**抵抗と釣り合う最終速度$V_{terminal}$をさらに上げるには、式①からわかるようにkを小さくすることです。kの中身は空気抵抗とブレードと氷面との摩擦抵抗**です。kを1%減らせたなら速度は33.74m/sとなり、4・5%アップします。タイムなら38・53秒となるので、1・72秒の短縮ということになります。100分の1秒や1000分の1秒を争う競技では、1%の抵抗低減の凄さがわかるかと思います。したがって、抵抗を減らす工学が重要となるわけです。

流体工学を考慮したコンセプト設計図を❶に示しました。このアイデアで、空気抵抗を10分の1に、ブレードの抵抗を25%減らす工夫をすることになります。

❶ 流体工学によるコンセプト設計図

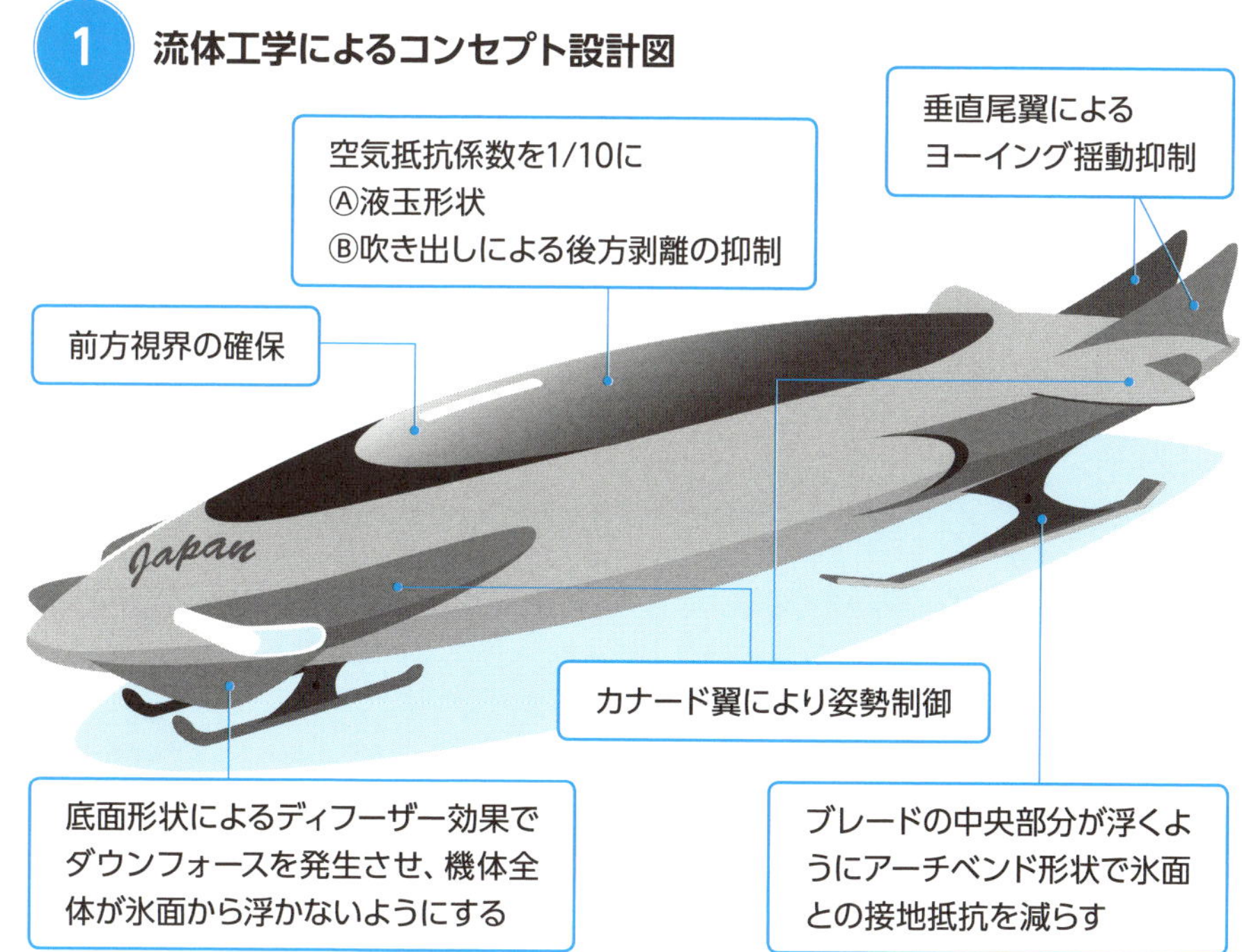

垂直尾翼による
ヨーイング揺動抑制
空気抵抗係数を1/10に
Ⓐ液玉形状
Ⓑ吹き出しによる後方剥離の抑制
前方視界の確保
Japan
カナード翼により姿勢制御
底面形状によるディフーザー効果でダウンフォースを発生させ、機体全体が氷面から浮かないようにする
ブレードの中央部分が浮くようにアーチベンド形状で氷面との接地抵抗を減らす

ボクシング

撃力を高め、相手をノックアウトするパンチとは？

プロボクシングで使うグローブは、ミニマム級～スーパーライト級までが8オンス（227g）、ウェルター級～ヘビー級までが10オンス（283・5g）です。現WBAバンタム級世界チャンピオン井上尚弥選手は身長165cm、リーチ171cmの右ボクサーファイター。早いラウンドで相手を倒すKOパンチの破壊力から、モンスターの愛称で呼ばれるほど。バンタム級選手の体重は53kgf前後で小柄な日本人に合うのか、これまでも長谷川穂積さんや山中慎介さんなど数多くの世界チャンピオンを輩出しています。

頭部の重さは体重との比率で8%、ボディ部分は46%なので、バンタム級53kgの選手の頭は4.24kgf、ボディは24.4kgfとなります。**拳とグローブを合わせた重さは53+0.227=0.757kgf**なので、これに対して頭は6倍、ボディは32倍重いわけです。これを前提に考えます。

パンチを受けた顔面やボディは動かないものとすると、グローブをはめた拳の運動量変化によってヒットした打撃力を見積もることができます。グローブをはめた拳の質量m、パンチの速度v_1、跳ね返りの速度v_2とすると、パンチ力Fは、

$$F=\frac{d(mv)}{dx}=\frac{mv_2-mv_1}{\Delta t}=\frac{I}{\Delta t}$$

となります。**I(=FΔt)**を力積といい、単位は**[N.s]**で運動量変化量を表します。この式から導くと、**打撃時の力（撃力）Fのアップには、運動量差を大きくするか、打撃時間を短くする**か、となるわけです。

仮に、打撃時を$v_1=-v$、$v_2=v$、つまり打つ（負方向）速度と引く（正方向）速度を同じ大きさとすると、撃力は**F=2mv/Δt**となり、ヒットした

ときに運動量差が最大となりことがわかります。また、打撃時間Δtを短くするほど、相手に与える撃力、瞬間的な力が大きくなります。このようなパンチがジャブ。撃力は強力でも瞬間的なため、ダメージをより強大化するにはヒットの回数を増やす必要のあるパンチです。

ストレートやフックというパンチでは、体重や腕の振りによる重量を拳に乗せて、mを大きくします。このときは腕を引かないので跳ね返り速度は$v_2=0$。そのため撃力が**F=mv/Δt**。パワーはジャブの半分です。そこで、パンチに体重を乗せてmを大きくし、相手を撃つわけです。ヒットさえすれば、パンチ力のある選手は相手を一発でマットに沈められます。顎（あご）にしろボディにしろ、体重を乗せて撃つ必殺パンチの炸裂というわけです。

1 ジャブの効果

- パンチの速度→v_1
- 跳ね返りの速度→v_2
- v_1、v_2が同じ速度の場合、撃力は$F=2mv/\Delta t$となり、パンチを当てたときの運動量差は最大
- 打撃時間Δtを短くするほど、相手に対する撃力が大きくなる

2 ストレート・フックの効果

- 腕を引かない打撃のため跳ね返り速度は$v_2=0$
- 撃力は$F=mv/\Delta t$でパワーはジャブの半分
- 拳に体重を乗せて拳の質量mを増大する
- 体重をのせて質量mを増大させ相手を撃つと破壊力が増す

柔道

上四方固めは逃げられ、袈裟固めは逃げられない？

柔道の固技には抑込技9本、絞技11本、関節技9本があります。本項では抑込技を取り上げることにします。**この技は寝技の一分野**です。相手の背、両肩または片方の肩を畳につけるように仰向けにし、自分の体や脚が相手の脚で挟まれることなく姿勢を保ちます。相手は体の捻りや回転、ブリッジなどを使って逃れようとしますが、それを許さず抑え込みます。そのまま20秒経つと一本です。

では、自分がこの技をかけられたとして、どうすれば逃れられるかを力学的に考えてみましょう。抑え込む側をA、抑え込まれる側をBとします。

上四方固めを掛けたAは、Bの脚で挟まれないよう身体を離し、頭と腕の自由を奪うようにします。頭を向けた方向に身体を捻りやすいため、頭の自由も制御するのです。腕の一本でも自由がきかないと、捻る、引っ張るなどがしにくくなります。それでも、Bの脚による捻りを注意しなければなりません。

Aが脚を開いて床とθの角度で踏ん張り、Bの頭から上半身を抑え込んでいる場合、❶で示すように、BはFの力を**F>W/tanθ**となるように放出すると回転できます。このときに捻りに必要なトルクTは**T=3rF**となります。rは体を円柱に見立てたときの半径です。**上四方固め脱出には、Bはこの角度θがなるべく大きくなるように、Aの脚を自分の体に密着させるようにすることが大事**。θ90°にすると、tanθ→∞となり、簡単にひっくり返せます。

次は、袈裟固め（❷）の場合です。Bが抑え込みから逃れるためには、自由な脚のモーメントを使わなければなりません。その動きは$\boldsymbol{L_bW_L\sin\theta}$で表されます。$L_b$は脚の付け根から脚の重心までの距離、$W_L$は両脚の重さ（**=0.34W**）。Bの動き**$L_bW_L\sin\theta$**が、Aの体重**$W\sin63°$（$63°=\tan^{-1}(2r/r)$）**とそこまでの距離$\sqrt{5}r$を掛けたモーメントより大きければ回転できるので、

$$L_bW_L\sin\theta \geqq \sqrt{5}rW\sin63°$$

となります。ところが、**W=70kgf、r=0.15、W_L=0.34×70=23.8kgf**と具体的数値を入れると、

$$L_b=\frac{0.88}{\sin\theta}$$

が導かれます。θ=45°ではL_b=1.24m、θ=60°ではL_b=1.01m、θ=90°ではL_b=0.88mと非現実的な脚の長さとなってしまいます。ということは、**袈裟固めで抑え込まれると、もはや回転不能。残念ながら観念するしかない**、というわけです。

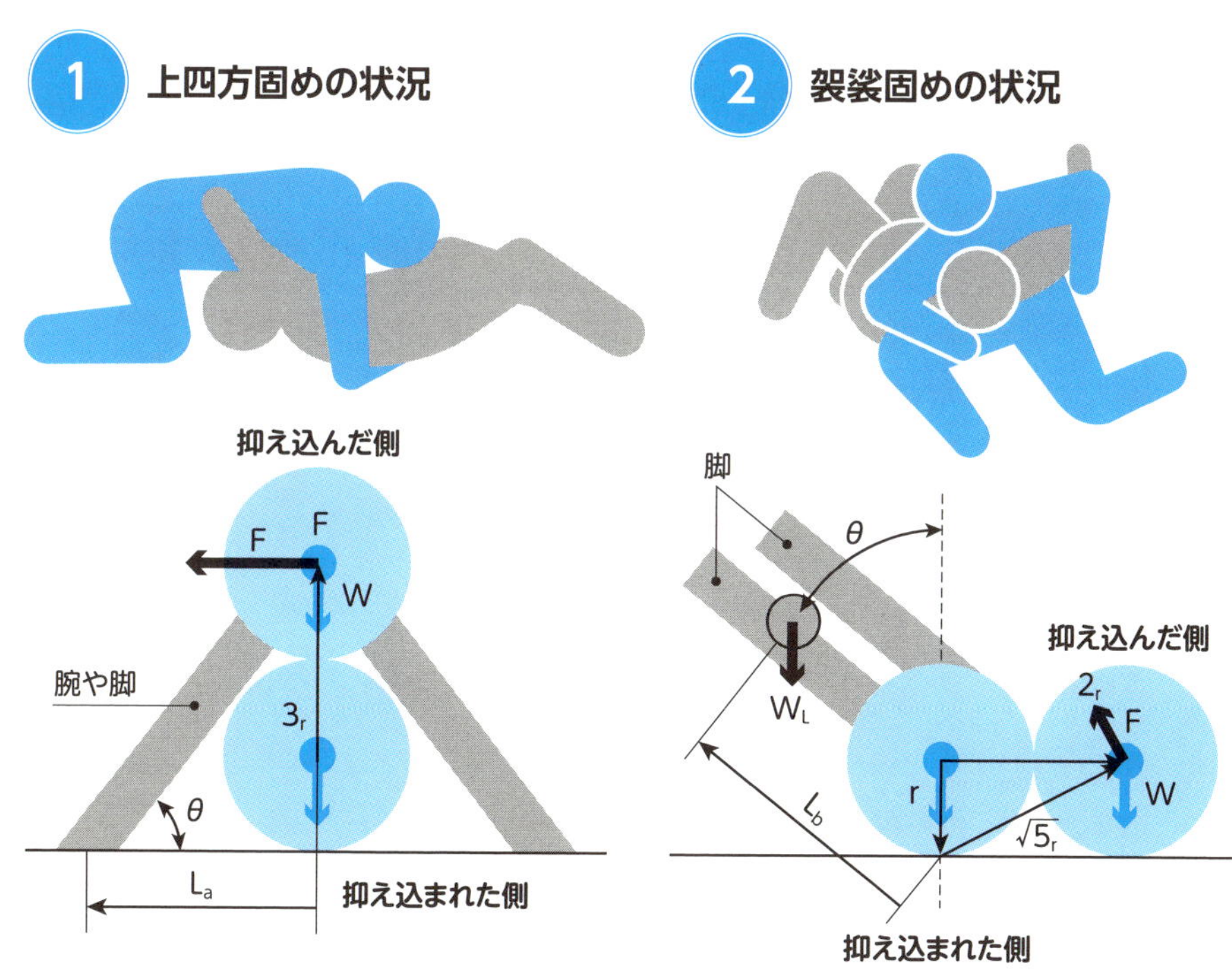

剣道

竹刀の「物打ち」で面を打つ残心の物理とは？

成年男子用の竹刀（しない）は39（さんく）、3尺9寸（3×30.33cm+9×3.03cm=118.26cm）の長さLで、重さ510gf以上でできています。❶を参照して、竹刀の柄頭（つかがしら）を左手の薬指と小指で握り（残りの指は添えている感じ）、右手は鍔（つば）近くに添えます。握った竹刀を頭上斜め45°に振りかぶり、左手の振りに竹刀の重さを使って相手の頭の天辺（てっぺん）あたりを「物打ち」部分で打ち、同時に「面（めん）！」と叫び、残心の姿勢を取ります。剣道7段の達人であるE氏は、**「残心（ざんしん）は倒した相手を敬う気持ちを表す姿勢である」**と言います。**残心がないと一本にはならない重要な所作の一部**。心技一体を重んじる武道ならではのことです。

では、審判はどのように残心の心を知って、一本かどうかの判定をするのでしょうか。人の心を読むわけにはいかないので、動作の中にその心が含まれているのだと思われます。それが何かを考えてみましょう。

握った柄頭を支点として、そこから重心までの距離をL_g、物打ちの中心までの距離をL_sとします。**物打ちと呼ばれる部位は、野球のバットの芯に相当**します。もちろん、日本刀にも物打ちがあり、その部位が芯であることが振動実験からわかっています。

竹刀の物打ちで打ったとき、相手の面の天辺から跳ね返される力Fによって、重心を中心に時計方向の回転が生じます（❶の方向から見て）。その**回転によって、柄頭は下方向に回転する速度を持ちます**。さらに、**力Fは重心を上方向にも移動させるので、柄頭は上方向にも移動速度を有します。下向きと上向きの速度成分の大きさが同じでも方向が逆なので、相殺されて、結局、柄頭部分**

は動かないことになります。

物打ち以外の部位で打ったときは、速度成分の大きさが異なり柄頭は移動するため、手にはビリビリするような振動が伝わります。とすると、**物打ちで打ち、手がピタッと止まっている所作こそが残心で、見た目にもはっきりと静止状態であることがわかる**のです。

物打ち部分の仮想的質量m_sはテコの原理から、

$$m_s=\frac{L_g}{L_s}m$$

なので、力Fは次のように表せます。

$$F=\frac{d(m_s v)}{dx}=\frac{m_s v_2-m_s v_1}{\Delta t}=\frac{I}{\Delta t}$$

Iは力積です。この式から、打撃時の力Fを大きくするには運動量差を大きくするか、打撃時間を短くするか、となります。仮に、打撃時に**$v_1=-v$、$v_2=v$**とすると**$F=2m_s v/\Delta t$**が導かれ、このときの運動量差が最大になるわけです。速度は同じ大きさでも方向が逆というのは先に同じなので、やはり残心として静止します。**打撃は短時間であるほど大きな力を相手の面に与える**ため、達人から「面!」をもらうと、竹刀が重く感じ、足の指先まで痺れる感覚となるのは、こうした物理的作用によるのです。

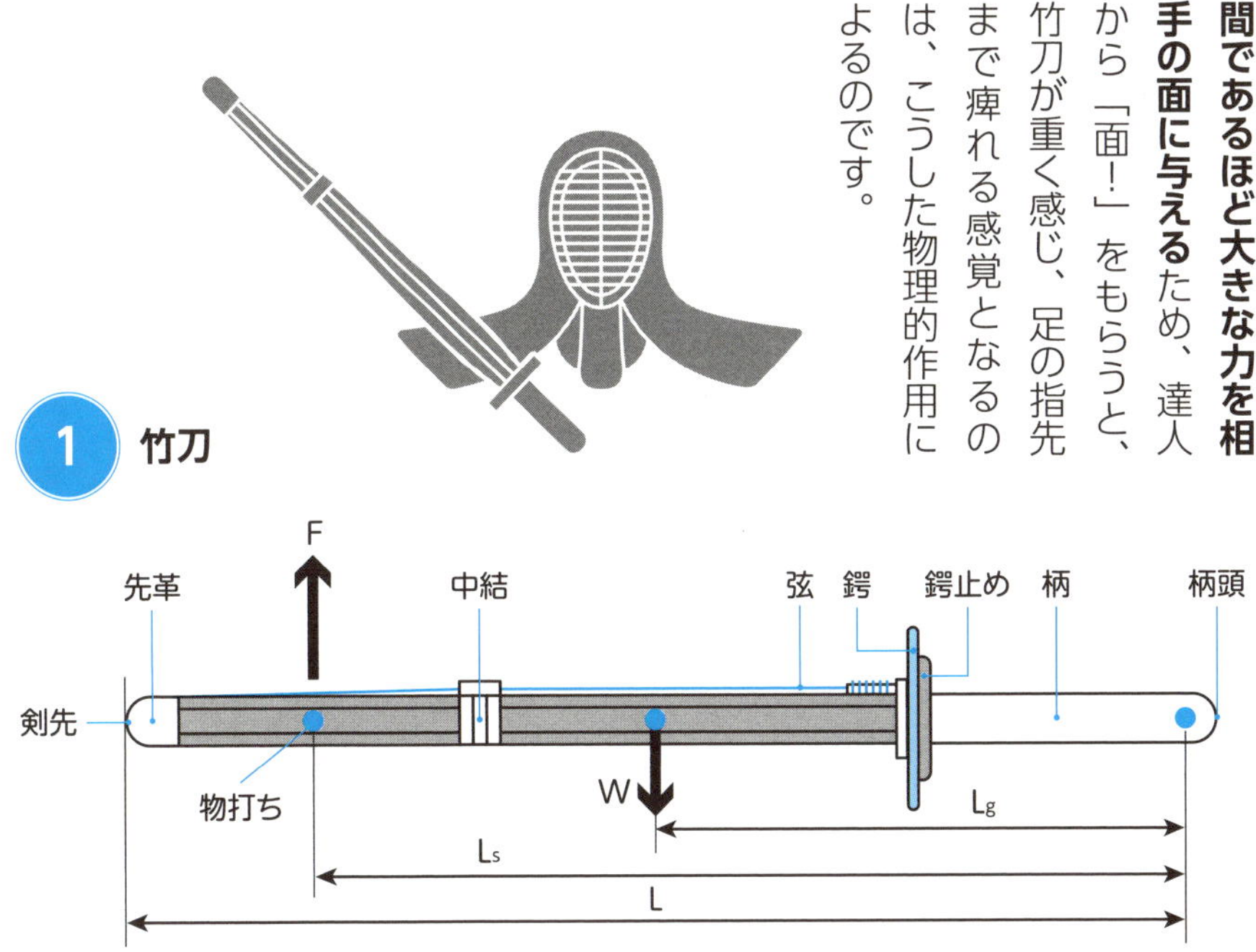

綱引き

綱引きでは体重の重いほうが本当に有利なのか?

綱引きは1900年第2回パリオリンピックから5回続いた歴史を持ちます。そんな綱引きで、綱を引き合ったまま姿勢を保っている状況を考えてみます(❶)。左右両側の選手の体重はW_1、W_2、体の角度はそれぞれθ_1、θ_2です。ロープの延長線が左選手の重心A1と右選手の重心B1を通るものとし、脚が地面と接している点をそれぞれA2、B2とします。線分A1、A2と地面がなす角度をθ_1、線分B1、B2と地面がなす角度はθ_2、左選手がロープを引く力をF_1、右選手をF_2とします。

それぞれの点A1での力の釣り合いと、点A1がA2に向かって動かない条件から、$F \leqq \mu W_1$が得られます。仮に、**摩擦力で引っ張られる力Fが大きければ、A2がF_2(右選手)の方向に移動(滑る)します。そうすると、静止したままの最大の引っ張り力は$F=\mu W_1$**となります。同様にB1、B2の各点でも同様の議論ができるため、**右選手には滑らない最大の引っ張り力$F=\mu W_2$**が導かれます。

ロープ中央での両者の張力は釣り合っています。つまり$F_1=F_2$なので、$F_2=W_1/\tan\theta_1$、$F_1=W_2/\tan\theta_2$から、

$$\frac{W_1}{W_2}=\frac{\tan\theta_1}{\tan\theta_2}$$

となります。$\theta_1=60°$、$\theta_2=30°$であれば、

$$\frac{W_1}{W_2}=\frac{\tan 60°}{\tan 30°}=3$$

となるので、**左選手の体重W_1が右選手の体重W_2の3倍とすれば、これらの傾き角となる**

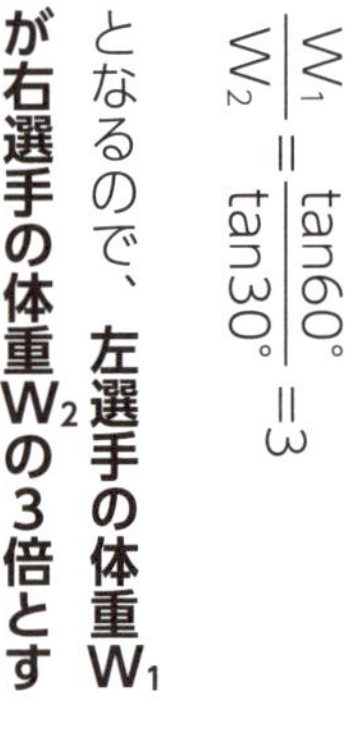

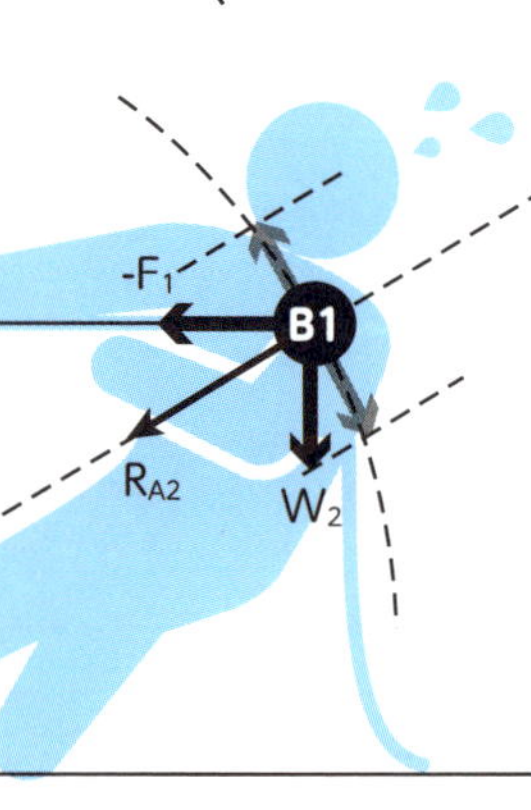

ことがわかります。逆に言えば、体重差がありながらも釣り合うには、このような角度を取る必要があるわけです。

次に、この状態のときの張力を求めてみます。W_2=60kgfならW_1=180kgf、張力は**$F_1=F_2=W_2/\tan\theta_2$=60kgf/tan60°=35kgf=343N**です。摩擦係数**μ=0.7**であれば、**$F_{1f}=\mu W_1$=0.7×180kgf=126kgf=1235N、$F_{2f}=\mu W_2$=0.7×60kgf=42gf=412N**。張力は摩擦力より小さいので、どちらの選手も滑らずに静止していることになります。

仮に、**釣り合う条件を保ったまま、右選手が滑らないように体を傾ければ、$F_2=W_1/\tan\theta_1=\mu W_1$=0.7×180kgf=126kgf=1235N**により、**θ_1=55°**。が導かれます。この張力と釣り合うように、**左選手も体を傾けなければなりません。傾き角度はF_1=60kgf/$\tan\theta_2$=1235Nから、θ_2=25°**となります。

ところが、右選手がどんなに頑張っても、引っ張られる力が点B2での静止摩擦力（412N）を上回るため、25°の傾きを保ったまま足元が滑ってしまいます。こうして考えると、綱引きは体重の重いほうが有利であり、静止摩擦係数の高いシューズを履いたほうが有利だということがわかるわけです。

1 綱引きと力のバランス

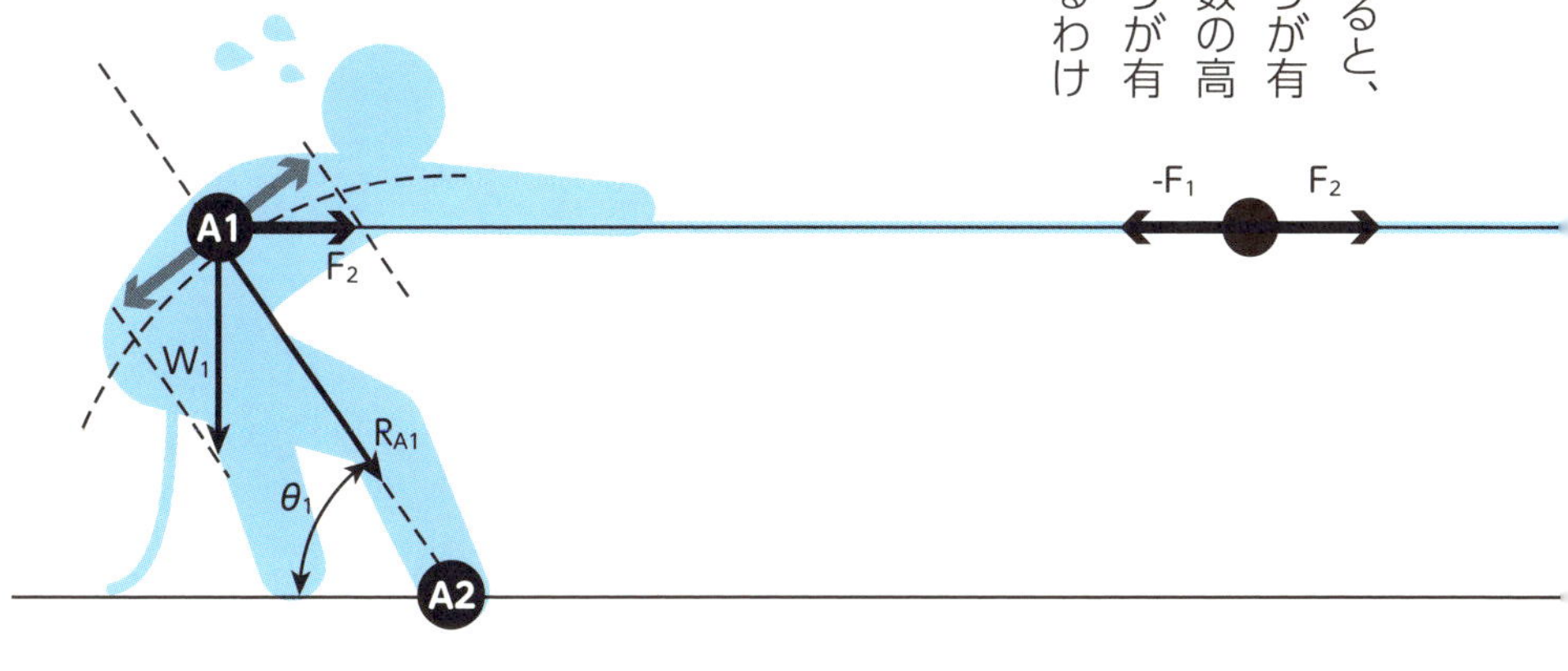

相撲

巨漢力士を小兵力士は吊り出せるのか？

相撲は現代では珍しい体重別の取り組みのない格闘技です。200kgを超える巨漢力士がいたり、120kgに満たない小兵力士もいます。現在の幕内力士の平均（2018年1月場所）は、身長184.2cm、体重164.0kgだそうです。

そんな大相撲の、相撲技の1つ、吊り出しを考えてみましょう。**力士の背筋力の平均は1764N（180kgの錘を引き上げられる）ほど**。背筋力だけなら180kgの力士をぎりぎり吊り上げられそうです。**相手力士を吊るときは、腕だけ持ち上げるのではなく自分のお腹の上に乗せます**。

この状態を簡単な力学モデルで考えてみます。お腹に乗せたときに吊り上げる力を分解します（❶）。お腹を円に置き換えて、そのカーブに沿って持ち上げていきます。真横に吊る相手力士がいれば、上に吊り上げる力は、相手力士の体重と同じ大きさです。とすれば、先述の通り180kgfの力士であれば、吊り上げるのに180kgfを持ち上げる力1764Nが必要です。

ところが、お腹のカーブの接線方向の力は体重分の**コサイン**成分となるため、ちょっと小さくなります。**水平からの傾きが30°のときは体重の87％となるので157kgf**に減ります。**45°のときは71％となって128kgf**に減少するのです。お腹のてっぺんに乗ったときは、自分のお腹で体重を支えるため、吊り上げる力は0kgfです。腕の力だけではなく、お腹の丸さを使って吊り上げるので、いわゆるあんこ型の力士が有利となります。

小さな力で重いものを持ち上げるときは、❷に示すテコの原理を使います。重い物体が力点にあり、そこに棒が差し込まれていて、棒のもう一方の作用点に力F_1を加えて下に押します。そうすると、支点を中心に力点は上へ動き、大きな力F_2を生み出すのです。この力F_2はF_2＝（支点から作用点までの距離L_1）÷（支点から力点までの距離L_2）×作用点に加えた力F_1で表されます。したがって、大きな力を得ようとすると距離の比$\left(\frac{L_1}{L_2}\right)$が拡大します。つまり、**【支点から作用点までの距離L_1】を【支点から力点までの距離L_2】より長くすればよい**のです。

お腹に乗せて吊り上げる場合、腹に接している部分が支点となるので、相手力士までの距離をなるべく縮めて密着させることが大切です。また、力点となる肩から支点までの距離の長いほうが、小さな力で重い力士を持ち上げられるのです。この物理を技に応用できれば、小兵力士が巨漢力士を吊り出せるというわけです。

1 お腹に乗せて吊り上げるときの力

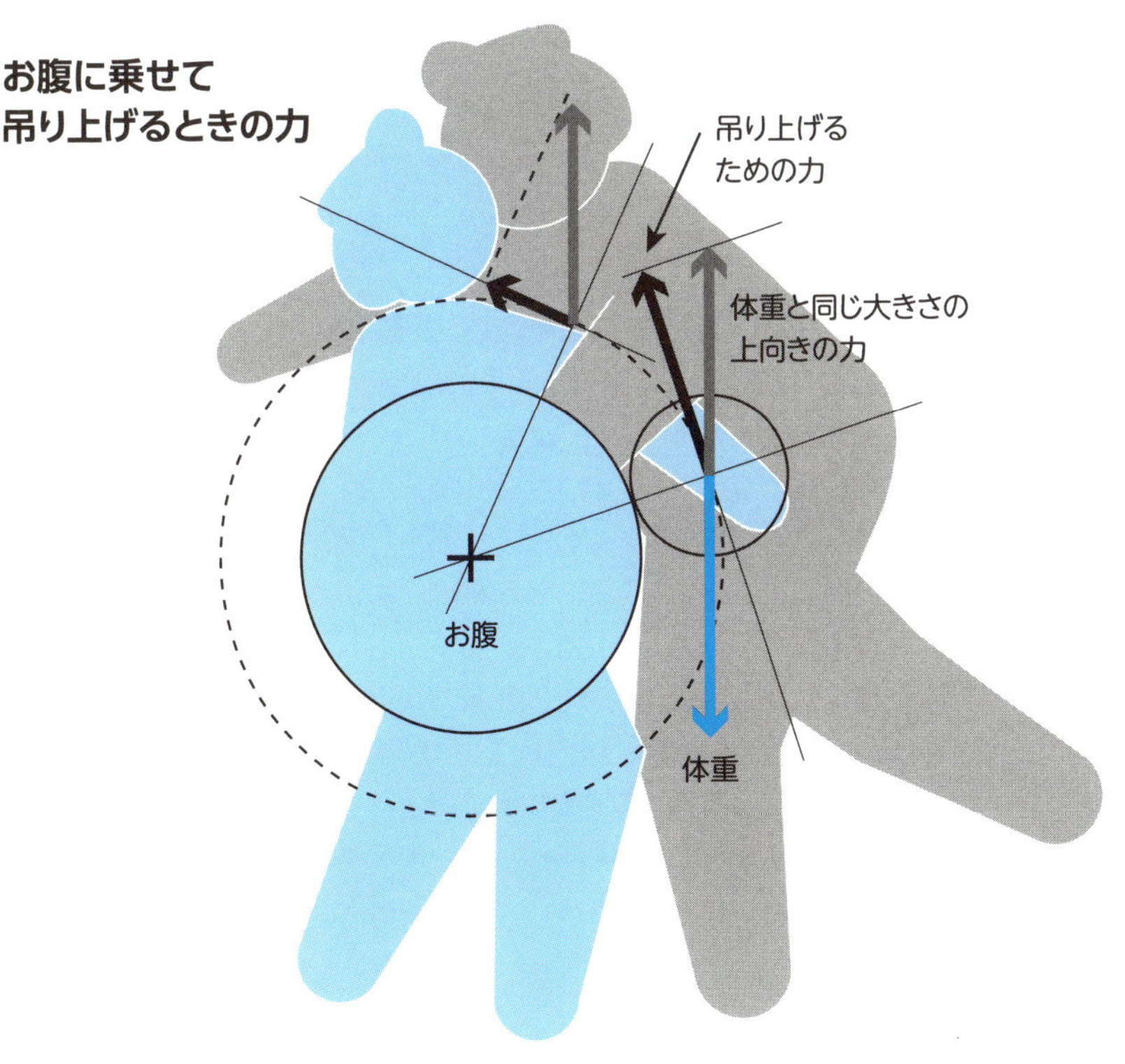

2 テコの原理

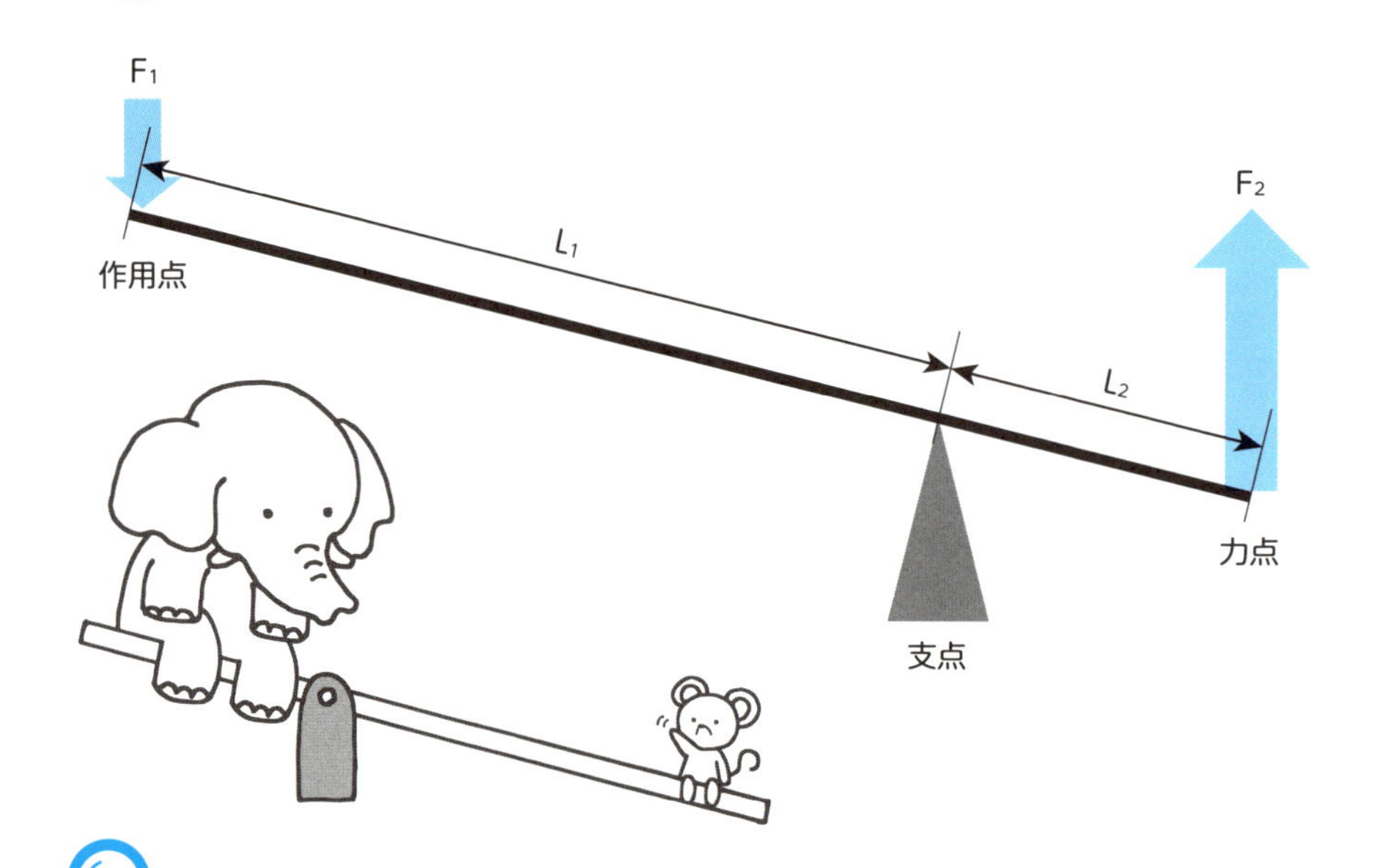

100年間での力士の平均身長・体重の推移 (資料:NumberWeb)

■2018年1月場所　幕内力士42人

【平均】身長184.2cm　体重164.0kg　BMI48.4
最高身長：194cm魁聖、勢／最低身長：豪風172cm
最重量：逸ノ城215kg／最軽量：石浦116kg

■1968年1月場所　幕内力士34人

【平均】身長180.9cm　体重130.6kg　BMI39.9
最高身長：高見山192cm／最低身長：海乃山172cm
最重量：若見山176k／最軽量：若吉葉88kg

■1918年1月場所　幕内力士48人

【平均】身長174.6cm　体重102.9kg　BMI33.8
最高身長：對馬洋190cm／最低身長：小常陸159cm
最重量：太刀山150kg／最軽量：石山81kg

トランポリン

跳び出し速度を高めれば最高到達点に差はない？

２０１６年リオデジャネイロオリンピックでのトランポリンの男子で、棟朝銀河選手（169cm/63kg）が59・535得点で4位入賞、伊藤正樹選手（167cm/62kg）が58・800得点で6位入賞。優勝者の得点は61・745でした。トランポリンは、Tスコア（滞空時間）、Eスコア（演技得点）、Dスコア（難度得点）の合計点で争われる競技です。

基本はより高く、より美しく演技すること。滞空時間は10本跳んだ合計タイムがそのまま得点になります。滞空時間が長ければ得点は高くなり、それは演技点にも反映されます。演技点は10種目（垂直跳び、膝落ち、捻り飛び、閉脚跳び等）演技と着地で決まります。姿勢・宙返りの開き位置・伸身姿勢、手先・足先・捻りにおける体幹のねじれ、手の体幹への密着度などが評価されます。難度点では、捻りについては**180°**ごと、縦回転については**90°**ごと、宙返りについては**360°**（一回転）ごとに0・1点加点されます。

優勝者と棟朝選手の得点差が61.745－59.535=2.21。**1本あたりの差は0・221秒**です。跳躍高さyは、初速度v_0、時間tとの関係は自由落下の式に則って、

$$v=-gt+v_0,\ y=-\frac{1}{2}gt^2+v_0t$$

となります。最高到達点y_{max}とv_0との関係は、エネルギー保存則から、

$$\frac{1}{2}mv_0^2=mgy_{max}$$

であり、両辺の質量mは消えて、

$$y_{max}=\frac{v_0^2}{2g}$$

と表せます。つまり、**最高到達点は跳び出しの速度で決まり、体重は関係ない**ということです。トランポリンでの**跳び出し速度はネットのバネ力**によります。バネ力F_cは、バネ定数kと沈み込みの深さy_cを使って、$F_c=ky_d$となります。高さy_{max}からネットへv_0の速度で落下し、ネットの反力で上向きにv_0で跳び出したとき、ネットに落下した選手の力Fは、Δtという短い時間での運動量の差なので、

$$F=\frac{m\{v_0-(-v_0)\}}{\Delta t}=\frac{2mv_0}{\Delta t}$$

が導かれます。F力でネットを沈ませ、ネットのバネ力で選手は跳び上がるわけですから、上式をイコールで結んで整理すると、

$$y_d=\frac{2mv_0}{k\Delta t}$$

となって、**体重の重いほうが沈み込みy_dが大きく、反発力も大きい**ことになります。

ただし、**ネットに接触している時間Δtが同じなら、体重差が利用できず、跳び上がり速度は体重に関係しなくなります。ネットのバネ力に自身の屈伸も上乗せしてΔtを小さくすれば、より大きな力を得て高く上がれる**、というわけです。

ちなみに、高さ**y_{max}=8m**のときの跳び出し速度は、

$$v_0=\sqrt{2gy_{max}}=\sqrt{2\times9.8\times8}=12.52\text{m/s}$$

と計算できます。したがって、**滞空時間はt＝2・56秒**です。

棟朝選手に話を戻して、彼が跳び上がるときの力をΔt=0.16秒とすると、

$$F=\frac{2mv_0}{\Delta t}=\frac{2\times63\times12.52}{0.16}=9860\text{N}$$

となり、掛かっている力は体重の16倍です。棟朝選手が優勝するには1本あたりの滞空時間を0・221秒伸ばさなければならないので、2.56+0.221=2.781秒、高さなら**y_{max}=9.47m**が求められます。身長分だけの高さの違いですが、このときの初速は**v_0=13.63m/s**。Δtが同じなら、力**10731N**が必要です。最初12.52m/sで

落ちてきても、Δtを0・147秒にすればその力を得ます。演技前の準備で何回か跳び上がっているときにネットの反発力をうまく使って（共振させて）、より高さの力を得るように意識することが重要となるのです。

跳び上がるタイミングですが、ネットが水平になったときにネットの上昇速度が最大になるため、その瞬間に跳び上がるのが最も有効です（❷）。一瞬のチャンスを逃さないように、ネットが最下点に沈んだときを見計らって跳び上がる準備を心がけておく必要があるのです。

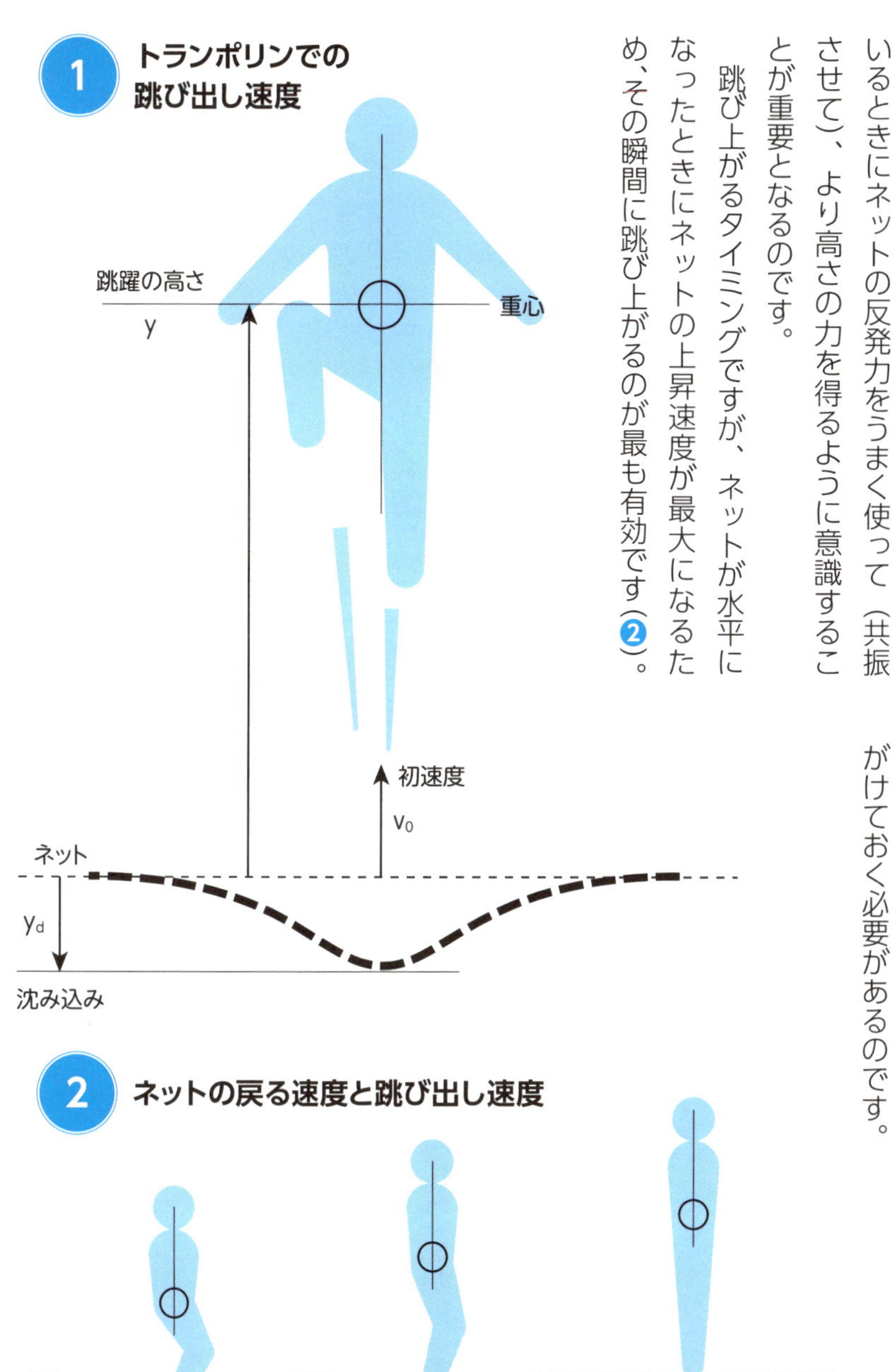

ボルダリング

張り付く姿勢とホールドへの脚の乗せ方で難所をクリア？

ボルダリングは、スポーツクライミング種目のひとつとして、高さ４ｍほどの種々のホールド（突起）が配置された壁面を４分以内にどこまで登れるかを競います。安全確保のためのロープは使いません。

手の汗を吸い取って滑りにくくするチョークとシューズが最低限の道具です。**完登とは指定されたホールドから登り始め、指定されたゴールのホールドを両手で保持すること**です。競技では完登できた課題の数を競います。

体を保持する際に、なるべく**手の負担を軽くするためには壁に張り付くような姿勢が望まれます。体の重心は脚を乗せるホールドの真上に置くこと**が大切です（❶）。**壁が垂直に近いほど腰を壁面に着ける**ようにします。こうすることで脚に体重のほとんどが掛かるため、指先はホールドから離れないようにするだけで済みます。

壁が**オーバーハングなら、**❷に示すように**ホールドに置いた脚から重心までの距離を極力短くし、その脚から手で掴んでいるホールドまでの距離を長く取ります。**こうすることで、**体重による回転力に対抗する掴む力を減少し、壁からの落下を防ぎます。**

ただし、壁に張りついているだけでは登れません。曲げた脚を伸ばし、別なホールドに指を引っ掛ける動作を繰り返しながら移動していかねばなりません。**移動方法をムーブ**と言いますが、ムーブには体をねじってホールドを取りにいくムーブと正対ムーブがあります。

脚を移動する瞬間、基点の脚は滑りやすくなります。**ホールドに掛けた脚の力が、ホールドと脚との摩擦力より大きいと滑る**ことになるのです。

摩擦力が大きければ壁に直接着けた脚でも滑りません。**摩擦力の大きさは、壁面に垂直に作用する力に摩擦係数を掛けた値**です。壁に垂直に掛ける力が大きければ摩擦力も大きくなります。摩擦係数の大きな靴を履くこともひとつの方法です。重心と壁に接触している脚に引いた線が、壁に平行になるほど壁を押す力が弱まり、滑ってしまいます。

ボルダリングでの**摩擦係数は、脚が動いているときには小さいため、ホールドをゆっくりと掴んだり、脚を掛けて摩擦係数を大きくする**必要があります。跳び上がろうと脚を急に踏ん張ると加速度が大きくなって余分な力が掛かります。壁面は垂直に近い角度で立っているため、ホールドを蹴って跳び移ろうとしたり、急に移動しようとすると、静止状態での摩擦力の大きさを超えるため滑ってしまいます。移動では、なるべくゆっくり動きはじめたほうが滑りにくいというわけです。

1 壁面への基本的な張り付き姿勢

- 壁に張り付くような姿勢が基本
- 壁に張り付くような姿勢が手の負担を軽くする
- 体の重心は脚を掛けるホールドの真上に置く
- 壁が垂直に近いほど腰を壁面に着ける

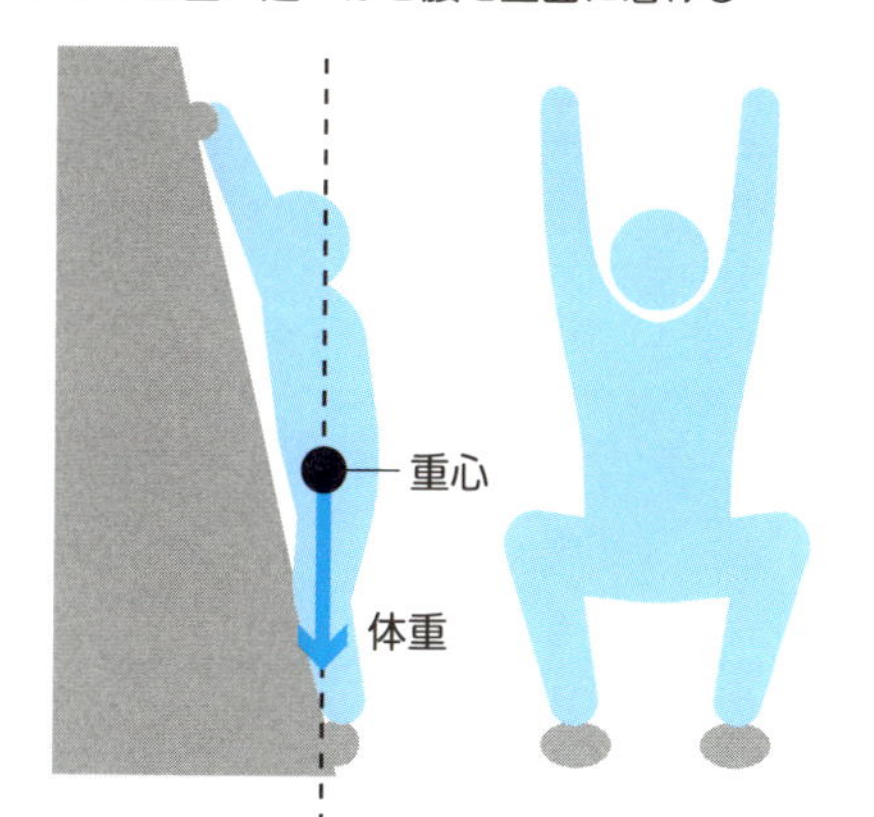

2 壁がオーバーハングでの基本的な張り付き姿勢

- オーバーハングではホールドに置いた脚から重心までの距離を極力短くする
- 逆に脚から手で掴んでいるホールドまでの距離を長くとる
- この姿勢が体重による回転力に対抗する掴む力を減少し、壁からの落下を防ぐ

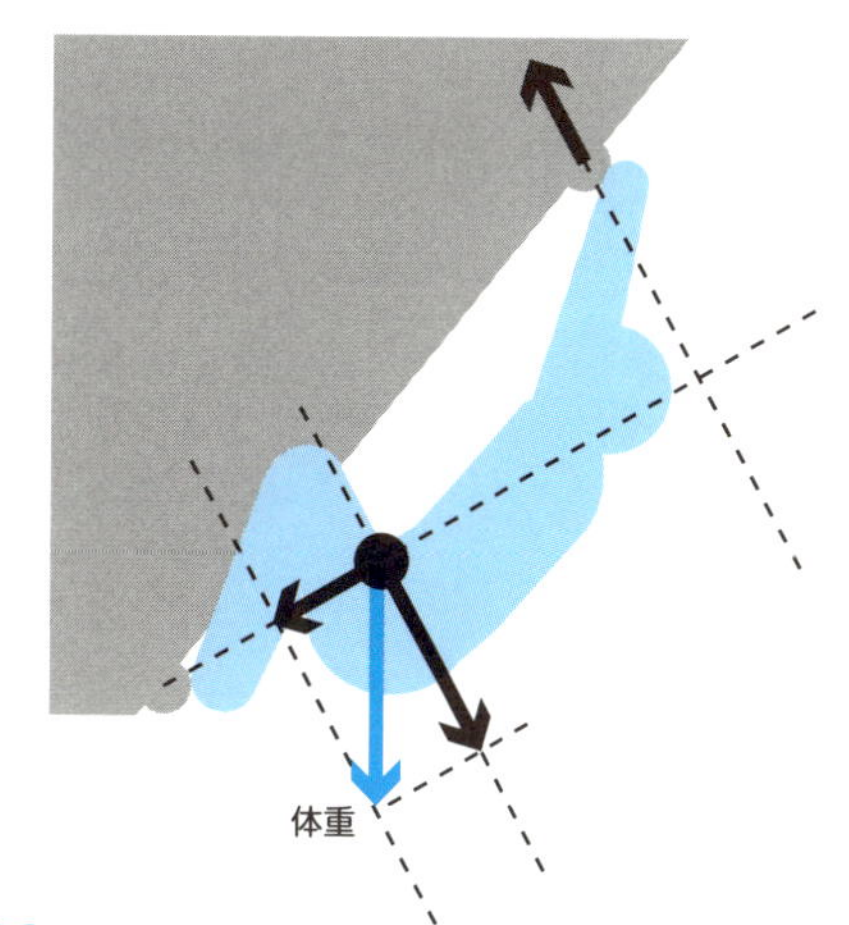

自転車

急なカーブで遠心力と摩擦力をバランスさせるには？

オリンピック種目になっているロードレースは、女子が100km、男子は200kmの舗装道路を車並みの時速60km近いスピードで走ります。レースでは2つのことが重要です。「ゴール前の追い抜きを考慮して体力を温存する」「うまいコーナリングでタイムを落とさないようにする」ことです。

ペダルを漕ぐ体力を温存するには縦に並ぶこと。離れすぎないようギリギリの距離を保つように注意し、空気抵抗を抑えます。スケートのパシュートと同じです（②）。コーナリングではカーブの中心に向かう力（向心力）を掛けなければなりません。**向心力とは、体をカーブラインの中心方向に傾けることによる体重のその方向分力**です。向心力に対する慣性力として、スピードの2乗（スピード×スピード）に比例するカーブの外向き方向の力（遠心力）が掛かるとバランスされるため、内側に倒れず傾けた姿勢のままコーナリングができます。

遠心力は、タイヤをカーブの外側に滑らすように作用しますが、路面とタイヤとの摩擦でそれを止めているのです。速度が上がると遠心力は大きくなり、摩擦力を上回ったときにスリップします。

ただし、どんなカーブであっても、**体の傾きが真っすぐに立てた軸から17°なら、滑らずきれいに曲がれます。角度がタイヤと路面の摩擦係数だけに依存する**からです。一般的なタイヤなら、だいたい摩擦係数は$\mu=0.3$なので、傾ける角度θは、$\theta=\tan^{-1}\mu$です。遠心力は、

$$F_c=m\frac{v^2}{R}$$

となって、それが摩擦力（$=\mu mg$）より小さけれ

ば滑らないので、

$v \leq \sqrt{\mu g R}$

と表せます。**Rはカーブの半径、mは質量**です。

道路の急なカーブには黄色い標識の下に、**[R=100m]**などと書かれた補助標識が示されています。この**数字が小さいほど半径が小さな円弧**なので、きついカーブとなります。そこで、カーブを曲がるときに、タイヤが路面を滑らないような速度vを求めてみます。**R=100m**ではv=17m/sなので、時速60km以下で曲がれば滑りません。山道では**R=30m**などのきついカーブもあります。そこではv=9m/s、時速33km以下の速度が安全ということです。

こうし見てくると、急なカーブではスピードを少し抑えることと、体をカーブ方向に少し傾けることが重要だということがわかるわけです。

1 タイヤと路面での遠心力と摩擦力

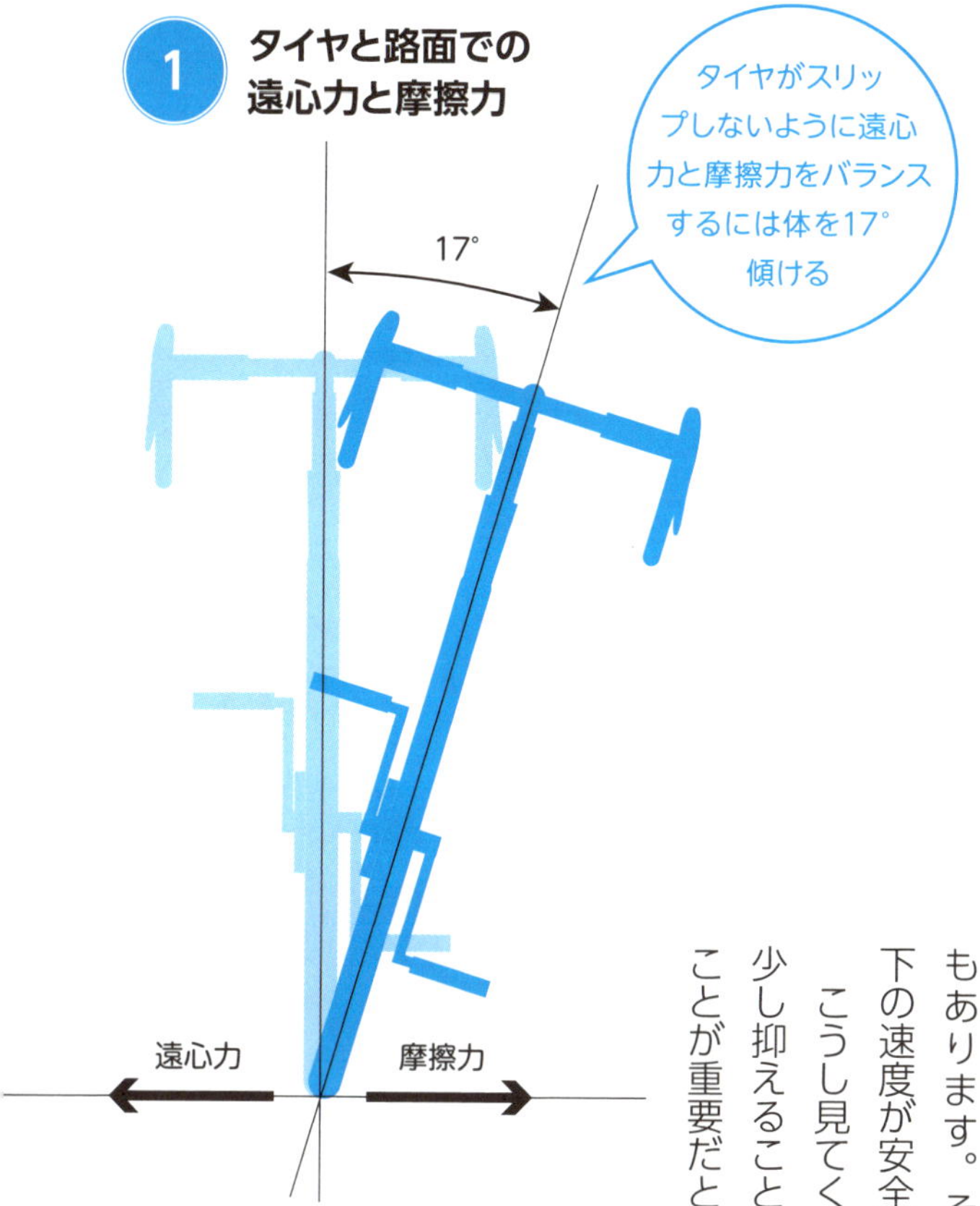

タイヤがスリップしないように遠心力と摩擦力をバランスするには体を17°傾ける

17°

遠心力

摩擦力

2 ロードレースでは空気抵抗を減らすため縦列で走る

デッキを回す人板一体の高難度な技とは？

スケートボードは板（デッキ）に4つの車輪（ウィール）をつけたものです。板に対して体を横向きにし、**左脚が前（ノーズ）側、右脚を後ろ（テール）側に乗せるフォームをレギュラースタンス、右脚が前側、左脚を後ろ側に乗せるのがグーフィースタンス**。板面はザラっとして滑らない構造です。

走らせ方の基本はプッシュです。前脚を前側のビスあたりに乗せて重心を掛け、後ろ脚で地面を蹴る。蹴った脚を後ろ側のビスあたりに乗せて進み、速度が落ちればまた蹴る。板に乗ったままボードの前方を左右に振り、その反動で進むチクタクという前進方法もあります。

顔を背中側に向け、**踵（かかと）側に重心を移して板を傾けると左側に曲がり、爪先側に重心を掛けると右に曲がります**（❷）。肩を曲げたい方向に向けると、曲がりはより強くなります。板が傾くと、**2つの車軸が傾いた方向に内向きになるために曲がる**のです。また、**前輪を浮かして板を回すと、急回転**します。止めたいときは、板の後ろ側を地面にこすりつけてブレーキを掛けます。

スケートボードの競技には、街中の斜面、縁石、手すり、階段などを、技を駆使して乗りこなす「ストリート」、舗装面に種々の構造物（セクション）設けて競技をおこなう「パーク」、平地で技を競う「フリースタイル」、その他、「フラットランド」、大型のハーフパイプ（バーチカルランプ）でジャンプして演技をする「バーチカル」と「バート」、一列に並べたパイロンをすり抜けていく「スラローム」、坂道を下り降りる「ダウンヒル」などがあります。これらの中で、**2020年東京オリンピックで採用された競技は「パーク」と「ス**

トリート」です。

技も多様です。**難しい技術習得が必須なオーリー系（板ごとジャンプなど）、もっと高度なフリップ系（ジャンプ中に板を回転など）があります。高難度の技をトリック**と言い、**技の成功をメイク**と呼びます。メイク率は成功率のこと。**ルーティーンとはトリックをマッチングする演技**。まさに人馬ならぬ人板一体の演技が求められます。

❷を参考に、板を回転させやすい（慣性モーメントのこと）物理を考えてみます。長手方向（x方向）の軸周りの回転が、短い幅（b）の物体を回すので最も容易です（I_xが最小）。これに対し、幅方向（y方向）の軸周りの回転では、長さ（a）が幅より長いため、そのぶん回転させるのが難しくなります（**$I_y > I_x$**）。さらに、板に垂直方向（z方向）の軸周りの回転では、長さも幅も含んだ回転になるので、最も回りにくくなっています（**$I_z > I_y > I_x$**）。これにより、回転の難しいトリックで完璧に板を回転させれば、点数の高くなる理屈が明確になるわけです。

1 スケートボードの旋回の仕方（前方から見た図）

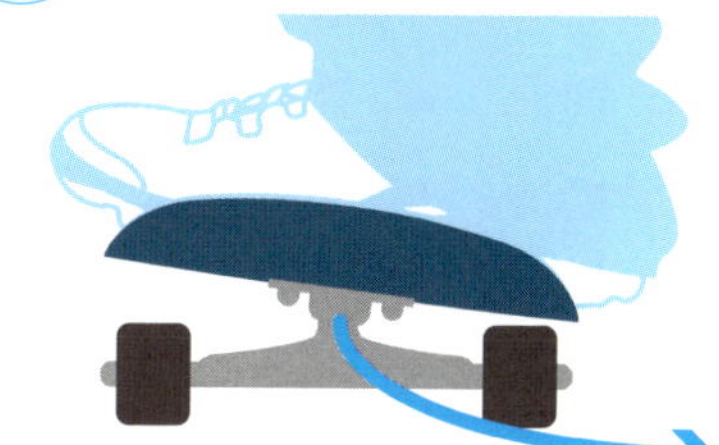

踵側に重心を移し、背中側に旋回

爪先側に重心を移し、お腹側に旋回

2 スケートボードの板の回転軸

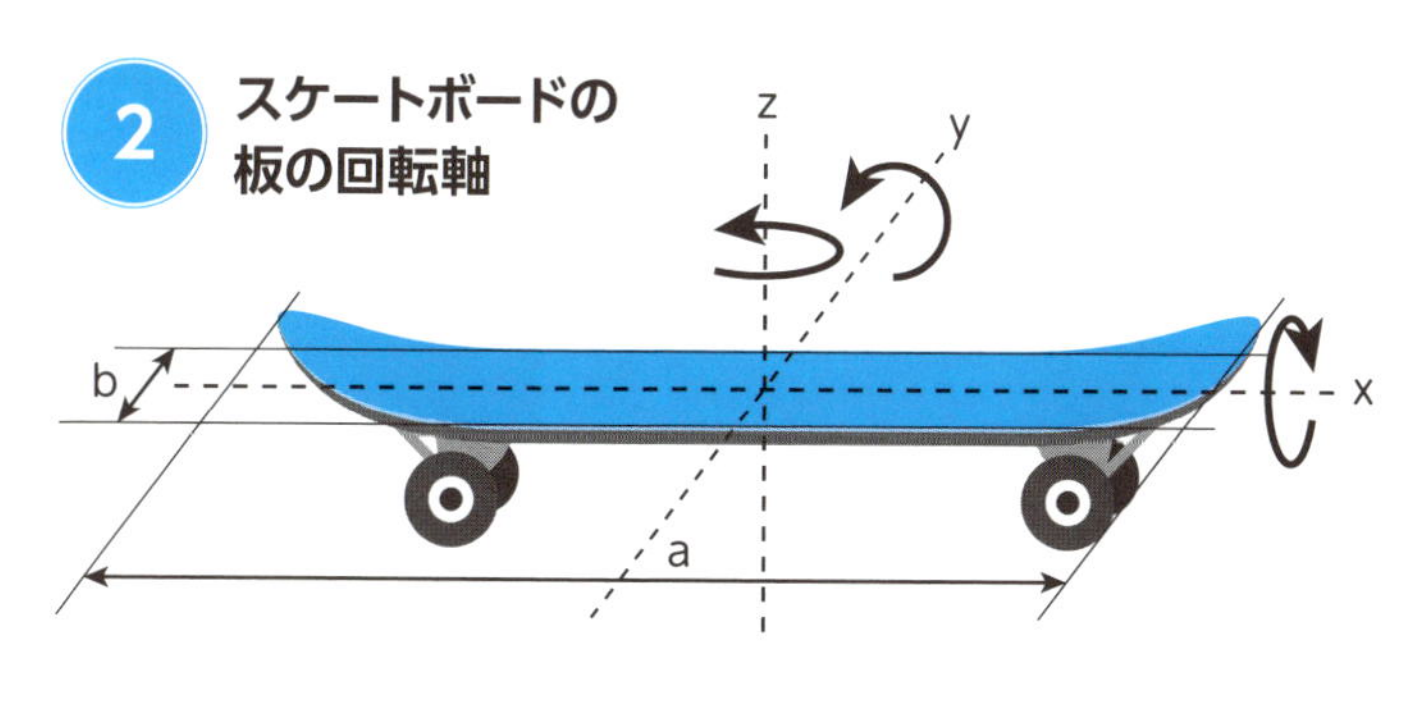

$$I_x = \frac{mb^2}{12}$$

$$I_y = \frac{ma^2}{12}$$

$$I_z = \frac{m(a^2+b^2)}{12}$$

パラグライダー&
ハンググライダー

2つの「グライダー」は飛ぶメカニズムが違うのか？

パラグライダーは、基本的に落下するパラシュートと同じ原理ですが、**上向きの抗力は大きいままで前後方向の抗力は小さくし、前に進める**ようにしています。**全体の形状は楕円翼なので、スパン方向の揚力分布も楕円**となっています。このため、翼端渦が出にくく、誘導抵抗が小さいので動力のないグライディングに適しています。

普通の翼とは異なり、ナイロン織物製でフレキシブルな翼です（**キャノピー**と呼ぶ）。**ラインにつながれた翼端を変形させて空力中心をずらし、ローリングおよびヨーイングを起こさせて旋回**します。

横から見ると、操縦者は翼コード長の真ん中くらいに位置しています。翼の空力中心は前縁から4分の1コード長のところにあるので、翼に迎角がつくようなモーメントが作用し、揚力が発生するのです。モーメントが掛かっても、操縦者は翼の下の離れた位置にいるので、ひっくり返ることはありません。**ブレーキはフレアという主翼の迎角を上げ、抵抗を増大させて操作**します。そのため、翼により一様な下降流を作る反力として揚力が発生し、スピードが落ちるというわけです。

ハンググライダーは、三角形の二辺にあるパイプに合成繊維の翼（セール）を張った三角翼を持つ機体です。この翼は**ロガロ翼**（よく）で、大気に再突入した宇宙船をグライディングで戻すためにNASAが開発したものです。**翼の先端から後端までのほぼ中央にコントロールバーがつけられ、それをハーネスの袋に入った操縦者が握り、腕を伸縮させてピッチング、体重移動で旋回させる**のです。**重心移動によるローリング操作もします。**逆方向に回転する一対の渦によって生じる下降流の反力

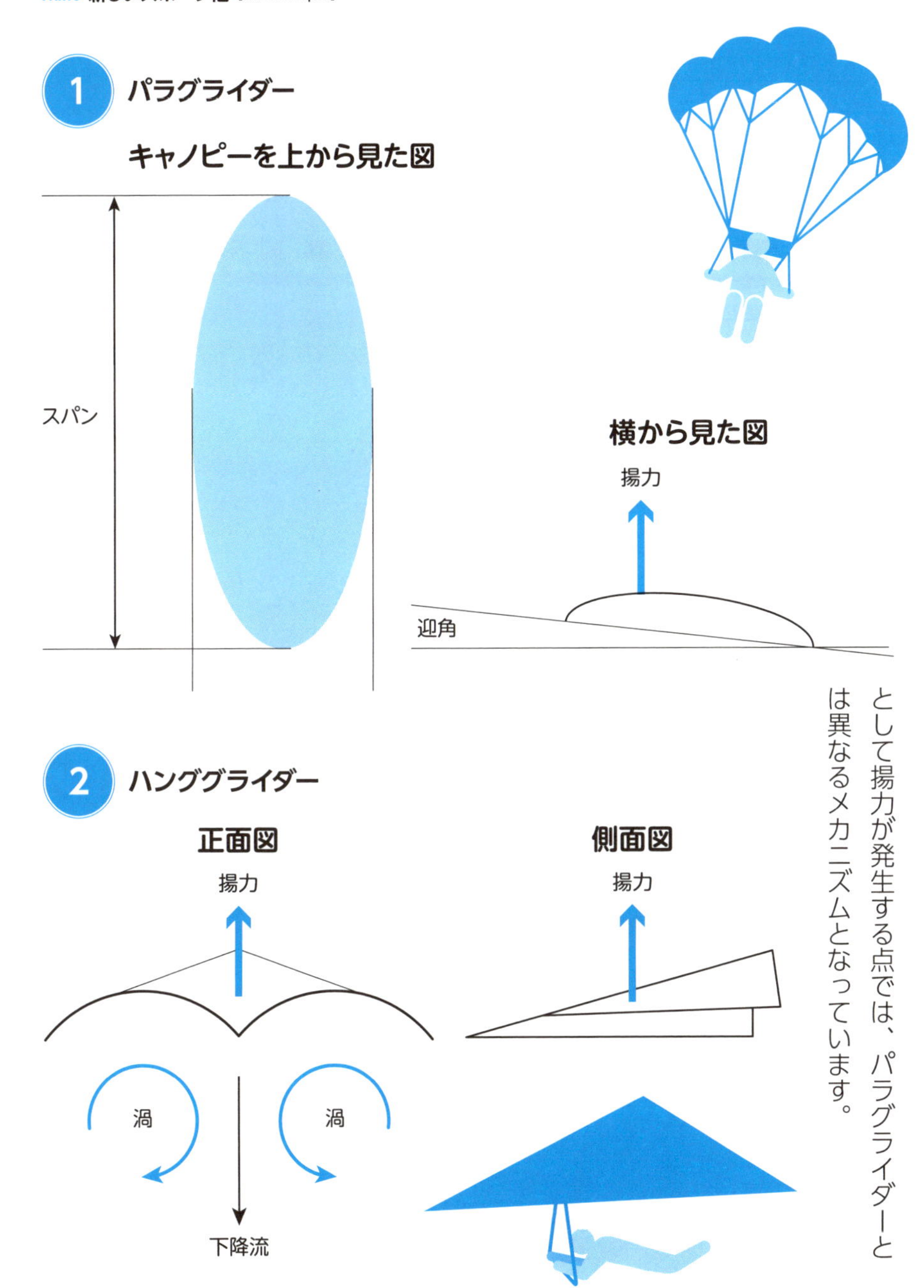

として揚力が発生する点では、パラグライダーとは異なるメカニズムとなっています。

カイトと凧

頭上で静止するゲイラカイトと風と戦う和凧の面白さとは？

ゲイラカイトやスポーツカイトは、**ロガロ翼というNASAが開発した膜翼を使っています。そのため、揚力を発生させて浮き上がります。**ゲイラカイトがラインにつながれ、空中に静止している状態を横から見ると❶になります。普通の翼の空力中心は、前縁から4分の1コード長の位置にありますが、ゲイラカイトの三角翼ではほぼ2分の1コード長です。ラインは常にその点に向いています。

翼なので、向かい風に対して迎角が15°以下でなければ揚力が発生しません。それ以上になると航空機でいう失速状態になって落下します。そのため、**ゲイラカイトはほぼ真上に近いところに揚がって静止している**のです。

スポーツカイトには、2本のラインが平行についています。**左右のラインを引っ張ったり、緩めたりすることで翼の左右の揚力バランスをくずして運動させます**。まるでUFOのような動きをさせることもできます。

和凧は、凧に当たる**風の向きを下向きに変えた力の反力によって揚がります。**薄板の縁からの風の流れが剥離するために、凧の裏側の圧力が低くなって、表面と裏面の圧力差が抗力となるから、という説明もできます。

抗力であるためには、**風の流れに対して凧の迎角は大きくなります。これを確保するために、しっぽをつけ、なるべく立った姿勢になるようにしています**。したがって、ラインは、ゲイラカイトの真上方向に比べて下の方向になるわけです。

また、**凧の両側の縁から渦が交互に発生することで、抗力も変動し、その周期でフラフラと姿勢が安定しません。**ところが、安定しないことこ

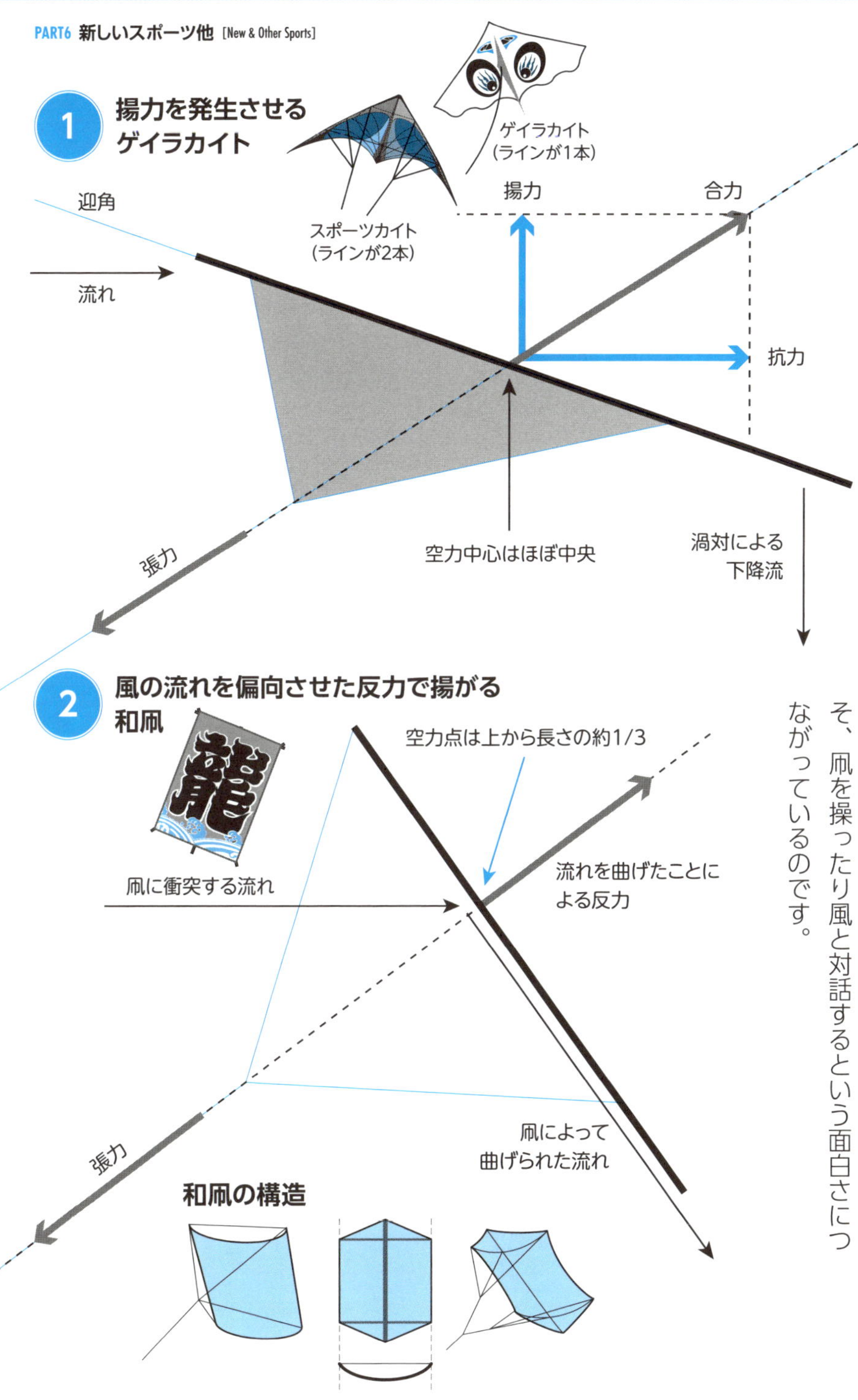

そ、凧を操ったり風と対話するという面白さにつながっているのです。

フライングディスク

狙った地点へ投げるためのディスクのリリースとは？

フライングディスクにはいくつか種類がありますが、スポーツディスクの直径は27cm、厚さ3cm、重さ175g。**右手でディスクの縁をつまみ、投げたい方向へ、半円軌道で回しながら円周上の接線方向が一致するところで指を離せば、ディスク本体は時計回りに回転しながらその方向に飛んでいく**わけです（「フリスビー」は登録商標なので文中では用いない）。

❷に示すように、指を離すときの腕の回転とディスクの回転の接線方向の速度が一致しているはずなので、腕の長さをr_a、回転角速度をω_a、ディスクの半径をr_f、回転角速度をω_fとします。そうすると、接線方向速度vは、$v=r_a\omega_a=r_f\omega_f$のような関係が成り立つので、ディスクの回転角速度$\omega_f$は次のように求められます。

$$\omega_f=\frac{r_a\omega_a}{r_f}$$

これにより、**腕の長い人ほど回転数が高くなります**が、仮に、**腕が短くても腕の回転の角速度を速くすれば同じ**です。例えば、0・15秒で長さ70cmの腕を90°回すと、角速度ω_aは**$\pi/2\div0.15=10.47$rad/s**で、接線方向速度は$v=7.33$m/s。この腕の振りによってディスクは**$\omega_f=10.47\times0.7\div0.13=54.3$rad/s**の回転を得ます。飛んでいくディスクの飛行速度は、先に求めた速度と同じなので7.33m/s。仮に、高さ地面の1・5m上から投げたとすると、空気抵抗のない自由落下なら0・55秒飛び、前方$7.33\times0.55=4$mの地面に落ちるはずです。ところが、実際にはもっと遠くまで飛んでいく。これは、上向きの力がディスクに働いているからです。

進行方向に対して直角上向きの力を航空工学では揚力と呼びます。普通、揚力は翼での発生を前提とするため、その連想からディスクでの揚力発生が説明されがちです。無回転ならまだしも、❸のようにディスクを後ろから見ると、回転によって上面の相対速度Uが、左側では**7.33m/s+7.33m/s=14.66m/s**、右側では**7.33m/s+7.33m/s=0m/s**となってしまう。速度U m/sの流れにある翼面積S m²が、翼によって発生する揚力Lについて揚力係数C_Lを用いると、

$$L=C_L\frac{1}{2}\rho U^2S$$

の式が求められます。これにより、ディスクの左側で発生する大きな揚力から、右側で発生する小さな揚力まで2次曲線分布になります。そのため、現状では右側へローリングし、右に傾いた旋回をするはずです。

ところが、ディスクは先ほど求めたように、ある角速度で自転しているため、**ジャイロ効果（傾くような力が加わっても、元に戻そうとする力が**

1 フライングディスクのいろいろなデザイン

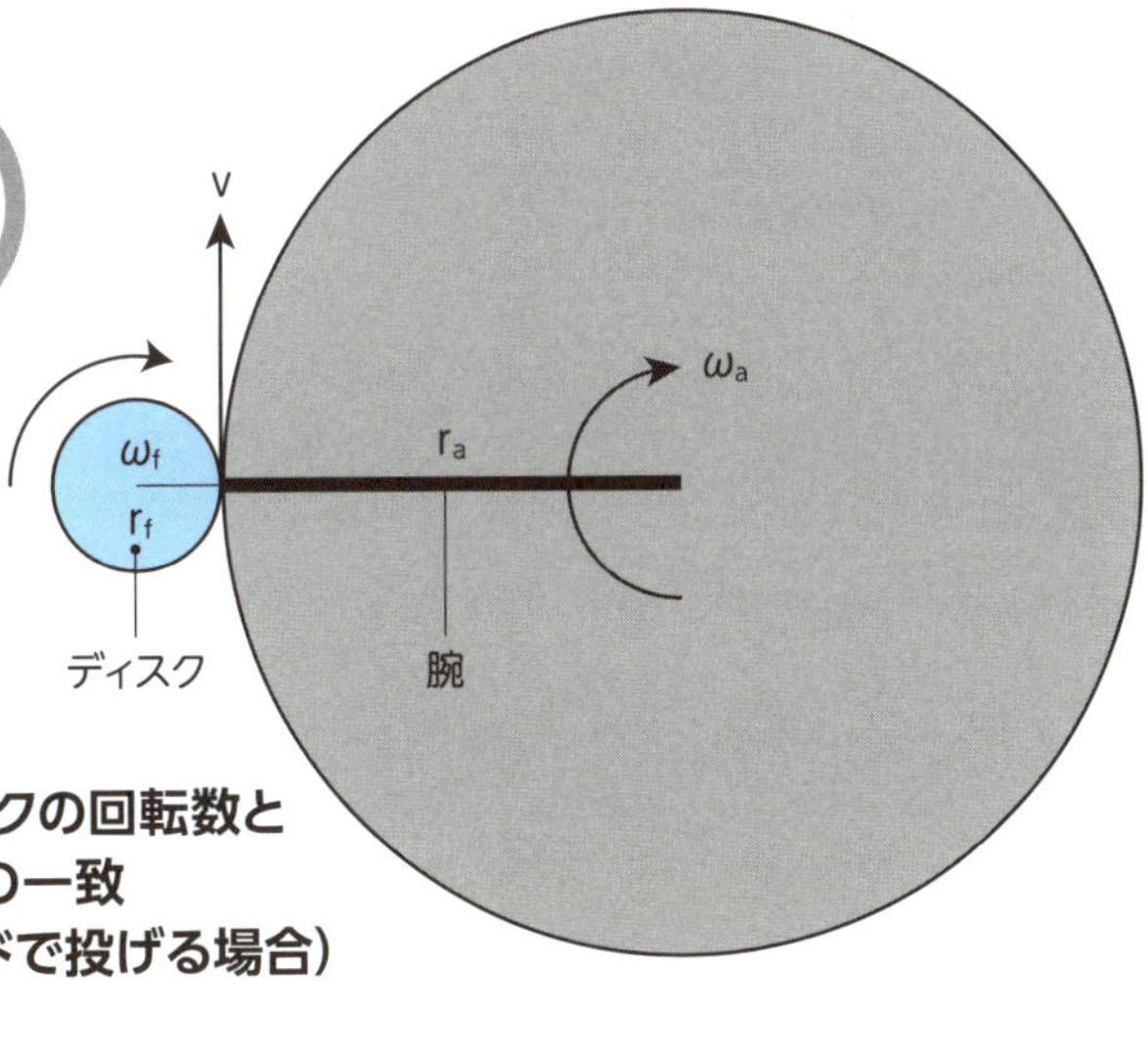

2 フライングディスクの回転数と接線方向の速度の一致（右手バックハンドで投げる場合）

発生する効果）で最初の姿勢を保持し続け、揚力分布が偏っていても左傾旋回はしないのです。ただし、回転速度が速いことで摩擦も大きくなり、回転は減速。その結果、ジャイロ効果は減少してローリングし、右旋回していく。そこを見越して、**左に傾けた状態で投げ出せば、最後は水平姿勢となって飛ぶ**ことになるわけです。

さて、真ん中に穴の空いているリング状のディスクもあります。こんなディスクがどうやって揚力を得るのか不思議です。少し考えてみましょう。

単に、進行方向に対する直角方向の力だけであれば、ディスクが落下するときの形はお椀型なので、抵抗係数はC_D=1.43ほどあります。上下逆さまにすると抵抗係数はC_D=0.38となります。**ディスクの重心は表面より下側の空間にありますが、揚力や抗力は表面に掛かります。**そのため、**ディスクが傾いても重さによる復元力が発生**します。回転していればジャイロ効果でそれ以上に復元力へ作用しますが、**無回転であっても安定な姿勢が取れる**のです。パラシュートと同じと考えても良いでしょう。落下時の抵抗力が上向きなため、あたかも揚力に見えてしまう。つまり、リング状のディスクは、普通のディスクとは浮くメカニズムが異なっているというわけです。

3 フライングディスクが飛ぶ後ろ側の状態

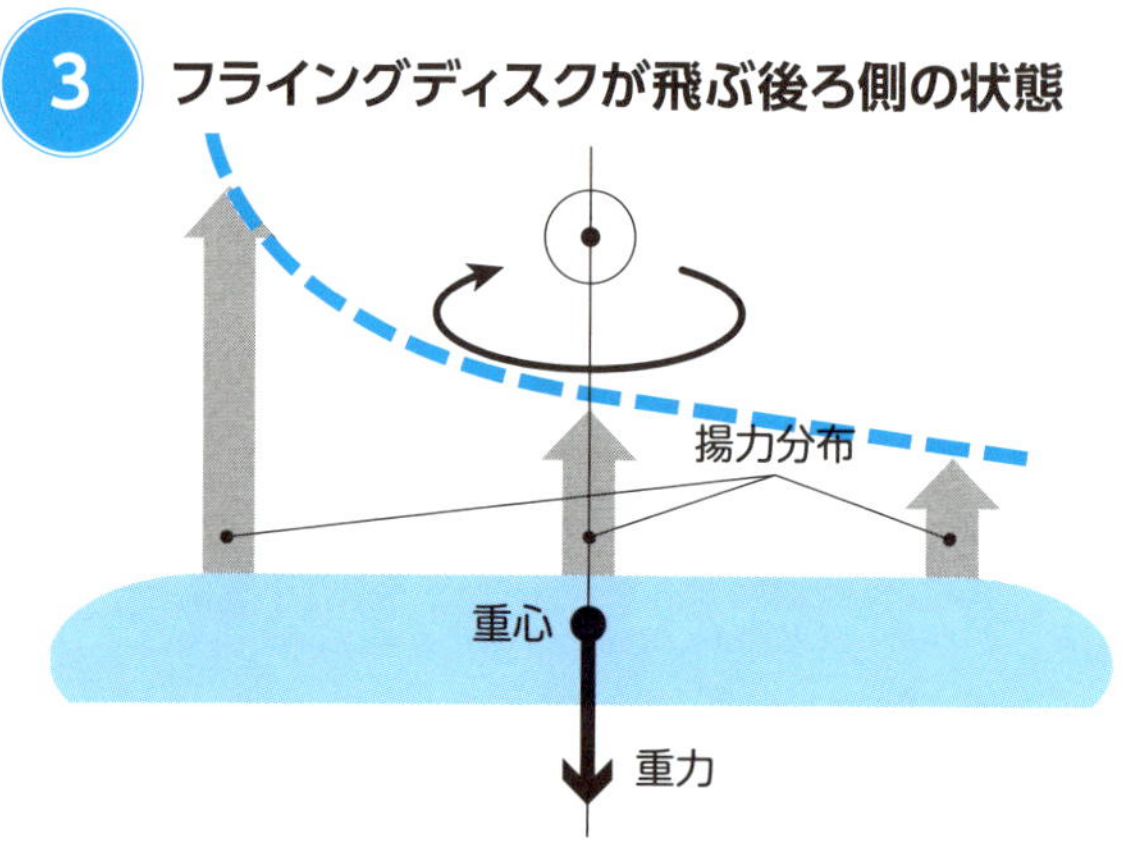

- 空気は図面裏側から手前に向けて流れる
- 右手で投げた場合、上から見て時計方向に回転する
- 右側は相対流れが遅いので揚力は小さい
- 左側は相対流れが速いので揚力は大きい

ヒップホップダンス

M・ジャクソンは体の上下運動で重心を0・57m移動する？

ダンスで体を揺らす動作を、吊り下げられた円柱の揺れに置き換えて考えてみます（❶）。重心は円柱の長さの2分の1の位置です。

この状態では、振幅の小さい揺れの周期Tは、

$$T=\frac{2\pi}{\omega}=2\pi\sqrt{\frac{I}{mgL}} \quad \rightarrow ①$$

と求められます。ここに図のように吊り下げられた円柱の慣性モーメントIは、

$$I=\frac{1}{4}m\left(\frac{D^2}{4}+\frac{(2L)^2}{3}\right)+mL^2 \quad \rightarrow ②$$

の式が与えられます。

仮に、体重60kgfの**ダンサーの重心を頭頂からL=0.8mの位置とし、胴回り寸法から直径D=0.25mの円柱に仮定すると、これらの値からT＝2秒が導かれます。一周期が2秒なので、右に揺れるのに1秒、左に揺れるのに1秒という調子**です。

右＋左1ビートで揺れるとしたら、1分間では**1beat/2sec×60sec/min=30beats/min(bpm)**となります。**リズムを右に揺れて1beat、左に揺れて1beatのような調子にすれば、2beats/2sec×60sec/min=60bpm**です。これは、**ゆっくりと歩くようなテンポ**です。

❷のように軽い糸や棒で吊った球体の振り子の周期は、重心周りのモーメントを無視できるため、

$$T=2\pi\sqrt{\frac{L}{g}} \quad \rightarrow ③$$

によって長さだけに依存します。**長さ1cmのイヤリングなら揺れの周期はT＝0・2秒。テンポは300bpm**です。**1.55cmの長さなら240bpm**となり、曲にノッて踊るとイヤリングも激しく揺れてしまいます。

跳びはねるダンス（③）を重心の上下運動と考えてみます。**波形の谷から谷（山から山）までの時間Tを一周期**とします。跳び上がるのは脚（手を使うダンスもある）で、重力に逆らってはねるF[N]の力で体をhの高さまで持ち上げます。そのあとは下方向に自由落下となります。**跳び上がる動作は、モノを初速 v_0 で投げ上げることと同じ**なので、

$$y=-\frac{-1}{2}gt^2+v_0t \quad \rightarrow ④$$

と表されます。したがって、周期Tは**$T=2v_0/g$**で、高さhは**$h={v_0}^2/(2g)$**と求められます。

ユーロビートの曲**200bpm**にノッて、2拍子で1回ジャンプすると、**T=0.6sec**から**v_0=2.9m/s**、**h=0.44m**となります。これは、**マサイ族が踊るときのジャンプにリンク**するようです。ビートごとにジャンプすれば**T=0.3sec**から**v_0=1.5m/s**、**h=0.11m**となり、11cm跳びはねれば、このテンポに乗って踊ることができるわけです。

マイケル・ジャクソンの**「beat it」「Captain EO」**やExileの**「New Horizon」**は、**176bpm**のテンポで2拍子に1回の割でステップしています。体の上下運動で重心が0・57m移動するようなダンスに仕立てているわけです。

テンポの良いセクシーなダンス曲と言われているのが、ビヨンセの曲で**130bpm(T=0.46sec)**、ガガは**150bpm(T=0.40sec)**、マドンナが**160bpm(T=0.38sec)**。インドのダンス曲も**160bpm(T=0.38sec)**です。ついでに日本の音頭などのテンポを取り上げると、東京音頭**143bpm(T=0.42sec)**、北海盆唄**112bpm(T=0.54sec)**、八木節**135bpm(T=0.44sec)**となっています。盆踊りはだいたい2拍子で1回の動作をおこなうため、おおよそ**0・9～1秒**のテンポです。歩くよりちょっとゆっくりとした動作が、古い日本の音楽での踊りのようです。

1 吊り下げられた円柱の揺れ

体を揺らす動きを、吊り下げた円柱の揺れに置換。

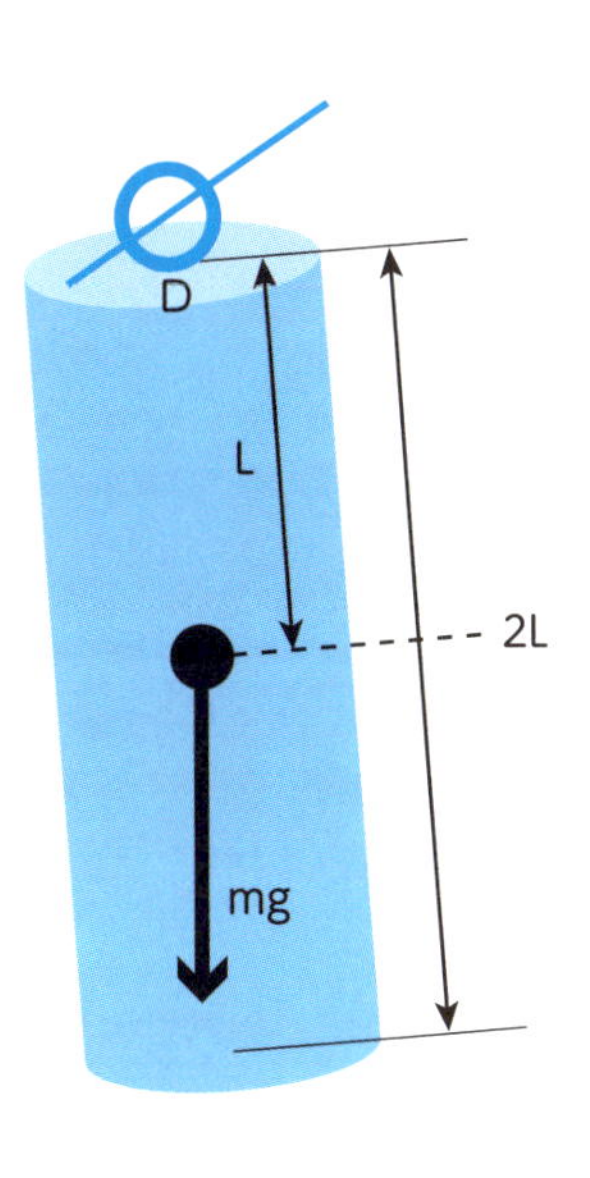
D
L
2L
mg

2 イヤリングの揺れ

長さ1cmのイヤリングが揺れる周期はT=0.2秒、テンポ300bpm。長さ1.55cmで240bpm。

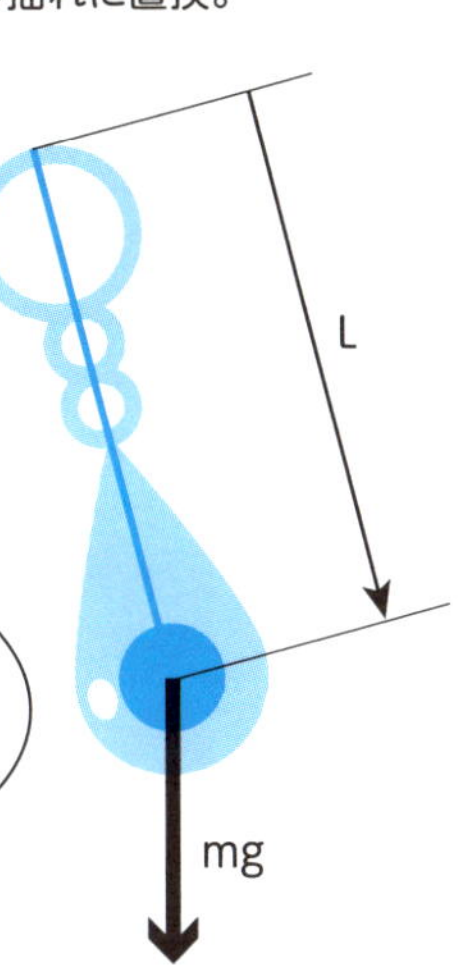
L
mg

盆踊りは2拍子で
1回の動作なので
0.9~1秒のテンポ

3 飛び跳ねるダンスでの重心の上下運動

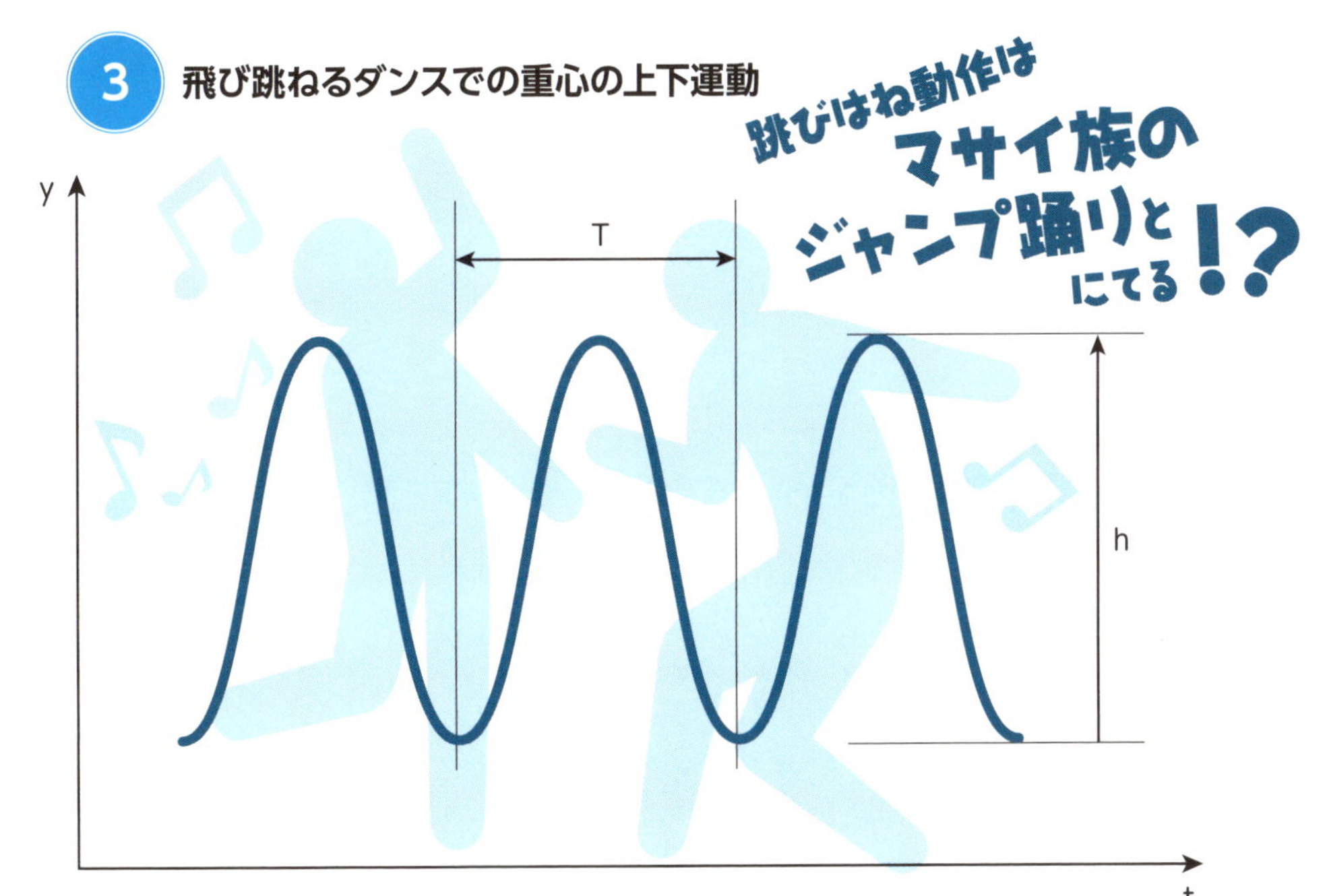
跳びはね動作は
マサイ族の
ジャンプ踊りと
にてる!?
y
T
h
t

著者紹介

望月 修（もちづき・おさむ）

1954年、東京生まれ。北海道大学工学部卒業後、82年に北海道大学大学院・博士後期課程修了。名古屋工業大学助手、北海道大学工学部講師を経て、87年から同大学助教授に。現在は東洋大学理工学部教授。日本機械学会フェロー、日本流体力学会フェロー。1980年代後半に、スキージャンプ日本代表チームの依頼で飛行姿勢の解析に取り組み、以来、流体工学、バイオミメティクス、スポーツの研究に従事。開発に携わった競泳用水着は2012年ロンドンオリンピック、2016年リオデジャネイロオリンピックで使われた。2020年東京オリンピックでは開発している水着とカヤックが使われる予定。「工学は愛である」をモットーに、生体医工学分野で教鞭をとる。『流体音工学入門』『きづく！ つながる！ 機械工学』（朝倉書店）、『生物から学ぶ流体力学』（養賢社）、『物理の眼で見る生き物の世界』（コロナ社）、『オリンピックに勝つ物理学』『おもしろい！ スポーツの物理』（講談社）などの著書・共著がある。

ブックデザイン　室井明浩（studio EYE'S）
編集協力　米田正基（エディテ100）

眠れなくなるほど面白い
図解　物理でわかるスポーツの話

2018年10月10日　第1刷発行
2021年12月 1日　第2刷発行

著　者　望月 修
発行者　吉田 芳史
印刷所　図書印刷株式会社
製本所　図書印刷株式会社
発行所　株式会社 日本文芸社
〒135-0001　東京都江東区毛利2-10-18　OCMビル
TEL 03-5638-1660（代表）
URL https://www.nihonbungeisha.co.jp/

Printed in Japan 112180928-112211115 Ⓝ 02（300005）
ISBN978-4-537-21620-2
編集担当：坂